AF373130

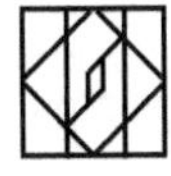

c o l e c c i ó n

VIAJE AL CENTRO DE LA CIENCIA

ADN
Editores, S.A. de C.V.

Colección dirigida por
Juan Tonda

Diseño: Arroyo + Cerda
Ilustración de portada y portadilla: Luis Gabriel Pacheco Marcos
Ilustraciones interiores: Myriam Núñez

Primera edición, 2000
Primera reimpresión, 2006
Segunda reimpresión, 2021

© ADN Editores, S.A. de C.V.
Estrella del Sur 150, Col. Rancho Tetela,
62160 Cuernavaca, Morelos, MÉXICO
juantonda54@gmail.com
Tel. (52) 5554006326

La primera edición se coeditó con la
Dirección General de Publicaciones del
Consejo Nacional para la Cultura y las Artes

ISBN 968-6849-39-4

Sergio de Régules Ruiz -Funes

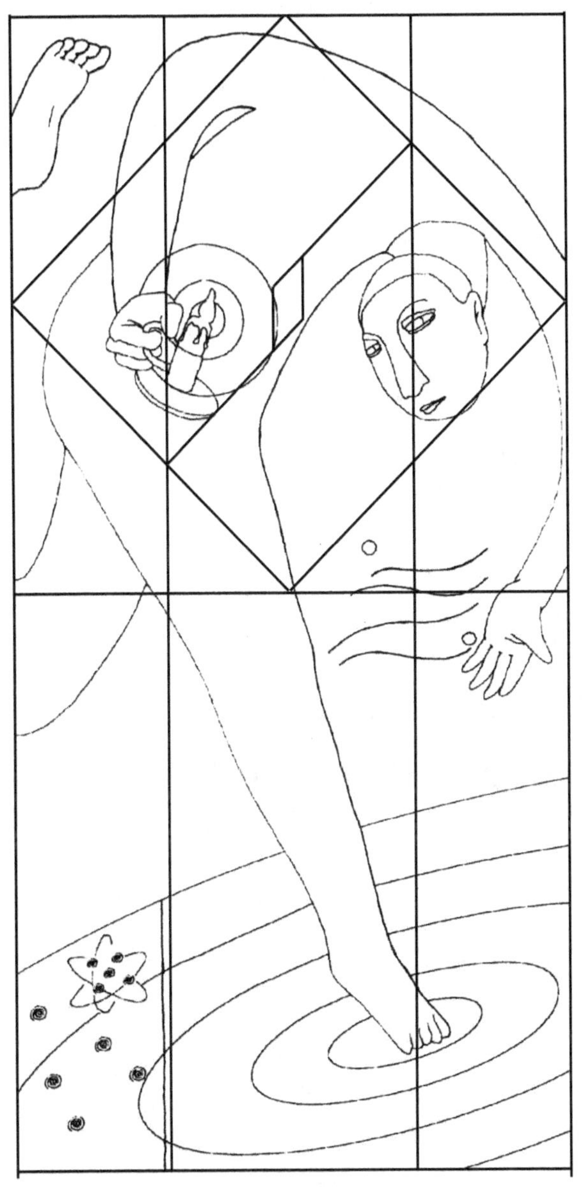

Cuentos cuánticos

Para Magali y Ana.

Índice

Introducción
Clase de 7 en la Facultad de Ciencias

> *¡Qué combinaciones de conceptos*
> *lo absurdo sabe con maña forjar!*
> *¿Quién tiene la mitad de su fuerza para*
> *tomar por asalto la fortaleza de la Verdad?*
> James Clerk Maxwell,
> *Evolución molecular*, 1874.

Nunca me había reído tanto como cuando cursé la materia de laboratorio de física moderna en la carrera de física, en la Facultad de Ciencias de la UNAM. Tampoco recuerdo haber estado más saludable y me imagino que no fue casualidad: la risa es buena medicina.

La clase empezaba a las 7, y en el semestre de invierno llegábamos a la Facultad cuando el Sol apenas empezaba a asomar detrás del Iztaccíhuatl. Un rayo cobrizo y perezoso escudriñaba el mundo desde atrás del volcán, como si el Sol quisiera saber, antes de salir, si valía la pena hacer el esfuerzo. "¡Cómo! ¿Ya están levantados?" parecía decirnos en tono burlón a los atribulados estudiantes de física. "¡Pero si aún no ha salido el Sol! ¡Ja, ja, ja!" Acto seguido salía a insuflar vida y luz a la ciudad mientras nosotros nos sumergíamos en las tinieblas del laboratorio.

"Y entonces, ¿de qué te reías, necio?", me preguntará el lector. En efecto, la desmañanada y el encerrón no eran precisamente para morirse de risa. Era horrible. Tal vez me engaño después de tanto tiempo, pero creo que lo que ponía una nota de buen humor y de emoción en el ambiente era la posibilidad de comprobar los resultados teóricos que aprendíamos en otras materias con nuestros propios ojos, o mejor dicho, con nuestros propios instrumentos científicos. (Es igual: los instrumentos de medición son como una extensión de nuestros pobres sentidos, o como alas para poder internarnos en un elemento que no es el nuestro.) Los nombres de estos instrumentos tenían sonoridades épicas, como de película de ciencia ficción —espectroscopio, analizador multicanal, contador Geiger, monocromador, tubos fotomultiplicadores— y supongo que a más de uno le evocaban visiones deslumbrantes de naves espaciales surcando el espacio a la velocidad de la luz.

Más emocionante aún era que los experimentos que se hacían en laboratorio de física moderna no eran de física ordinaria de todos los días —de las poleas, planos inclinados y péndulos con que nos torturan en la secundaria—, sino de mecánica cuántica.

La mecánica cuántica, como nos habían dicho en clase, es, al lado de la teoría especial de la relatividad de Einstein, el fundamento de toda la física moderna. A principios del siglo XX estas dos teorías habían producido una revolución en nuestra manera de ver el mundo. Sin ellas no existirían muchos de los adelantos tecnológicos buenos y malos que caracterizan nuestra época: las computadoras, el transistor y la electrónica en general; los reactores nucleares y las bombas atómicas; las máquinas que emplean los médicos para hurgar en el interior del organismo sin abrirnos con un cuchillo; el rayo láser, sin el cual no serían posibles los reproductores de discos compactos y lectores de CD-ROM, y otras aplicaciones que se me olvidan. Pero, mucho más que darnos herramientas para el avance de la técnica, estas teorías nos habían acercado al misterio de cómo está hecho el Universo.

Yo estaba en un equipo con mis amigos y compañeros de toda la carrera, Miguel, Natasha y Alejandro. En la clase del maestro Freire cada equipo tenía que hacer todos los experimentos del curso a lo largo del semestre y nos íbamos turnando los aparatos porque había pocos. Hubo un experimento de espectroscopía que requería que el equipo se encerrara en un cuartito sin ventanas durante las tres horas que duraba la clase. Allí, al tiempo que trabajábamos diligentemente analizando la luz que emitían los átomos de un gas, nos poníamos a encontrarle el lado humorístico a nuestra situación. El espectroscopio del laboratorio era una caja negra con patitas que se parecía bastante a un piano. Tanto se parecía, de hecho, que así se le llamaba tradicionalmente y sin duda varias generaciones de estudiantes de física de la UNAM recuerdan el piano con añoranza o con horror. Inevitablemente, el piano fue objeto de muchos chistes.

En una mesa había un cascarón metálico que otrora fue la caja exterior de algún complicado instrumento científico. Como no tenía nada en las entrañas se nos ocurrió que debía de ser un nadómetro, y que, por lo tanto, había que usarlo cada vez que no quisiéramos medir nada.

Alguien nos contó que el maestro se acercaba de vez en cuando a oír las tonterías que decíamos y a veces hasta soltaba una risita. A mí me hubiera encantado abrir de repente y sorprenderlo con la oreja tendida hacia nuestra puerta. Si hubiera tocado lo habríamos invitado con mucho gusto.

En otra ocasión leímos un artículo de Stephen Hawking en el que el famoso físico decía que de un hoyo negro podían salir partículas subatómicas en cualquier configuración, aunque había configuraciones muy poco probables, como las obras de Proust empastadas en piel o un televisor. Miguel, Natasha, Alejandro y yo nos imaginábamos al rey Leonardo con su paje, el zorrillo Florín, pasando junto a un hoyo negro que le vomitaba una tele y diciendo su célebre frase: "¡Retruenos! ¡Un televisor! Ya yo tengo uno de ellos", con su acento y manera de decir puertorriqueños. Tal vez teníamos un sentido del humor muy rudimentario, pero ¡cómo nos divertíamos!

La mecánica cuántica y los experimentos de física moderna nos afinaron el sentido de lo absurdo y quizá sea por eso que nos pasamos dos semestres muertos de risa. La mecánica cuántica describe el comportamiento de la materia y de la luz en la escala del átomo. Sus resultados les parecieron a sus creadores una bofetada al sentido común: ondas que son partículas, partículas que son ondas, cosas que se encuentran en muchos lugares simultáneamente y la posibilidad de que un gato esté vivo y muerto al mismo tiempo son algunos de los horrores que parecía implicar la nueva física. Y hoy en día la cosa no ha mejorado mucho. La mecánica cuántica sigue siendo un trago amargo para el estudiante acostumbrado a la física de los coches, las pelotas, los plane-tas, la sopa, y más vale tomársela con sentido del humor (la mecánica cuántica, no la sopa).

El sentido común, tan útil y necesario en las transacciones cotidianas, se vuelve un estorbo cuando se trata de hacer ciencia. En la física, por ejemplo, el sentido común y la intuición son armas de dos filos: unas veces nos conducen por el buen camino, pero otras nos llevan a imponerle a la naturaleza nuestros gustos y prejuicios y a meter la pata olímpicamente. La historiadora Ikram Antaki ha llamado al sentido común "el salario mínimo de la inteligencia". "El sentido común designa el lugar geométrico de nuestros prejuicios", dice la doctora Antaki, "donde el pensamiento se reduce tan sólo a su inercia, sin la reflexión que lo vuelve dinámico; otorga las respuestas hechas; inhibe y condiciona nuestros reflejos; fabrica y canaliza nuestras reacciones; construye nuestras normas".

En pocas palabras, nos engaña.

Nuestro sentido común se forjó durante los millones de años que nuestros ancestros pasaron cazando y huyendo de los depredadores, saltando de una rama a otra y vagando por el mundo. Pero en ese mundo jamás tuvieron que habérselas con objetos más pequeños que las pulgas que los infestaban, y por supuesto nunca alcanzaron velocidades de más de unos 30 kilómetros por hora. ¿Por qué habría de servirnos el sentido común en el mundo de los átomos y las moléculas, donde las dimensiones típicas son millones de veces más pequeñas que las pulgas y las velocidades pueden acercarse escalofriantemente a la de la luz? La teoría de la relatividad especial y la mecánica cuántica —la física de lo muy rápido y la de lo muy pequeño— han desacreditado por completo al sentido común como arma para entender la naturaleza.

El choque de la mecánica cuántica con el sentido común produce mucha confusión. Decía Niels Bohr, uno de los creadores de esta rama de la física: "El que pueda pensar en la mecánica cuántica sin marearse es que no la ha entendido". Lo cual no quiere decir que tenga uno por fuerza que fomentar el vértigo cuántico cuando trata de explicar los principios de la teoría, como hacen algunos maestros. Un profesor de la Facultad de Ciencias cuyo nombre callaremos se enojaba muchísimo cuando sus alumnos le preguntaban sobre el significado físico de ciertos resultados de la mecánica cuántica.

—¡Ustedes quieren encontrarle significado físico a todo! —bufaba, furioso. (Nos quedamos con las ganas de decirle que por eso habíamos querido ser físicos y no, por ejemplo, brujos o lectores del Tarot.)

Pero en el laboratorio de física moderna las cosas eran distintas. Ahí el maestro dejaba hablar a la naturaleza sin intercalar comentarios indoctrinadores. En el laboratorio del maestro Freire, además de reírnos muchísimo, vimos partículas de luz desviarse al chocar con átomos, electrones difractarse como ondas al chocar con un cristal, núcleos atómicos emitir partículas radiactivas y metales vomitar electrones al incidir luz sobre ellos; fenómenos todos que desempeñaron un papel importante en el nacimiento de la mecánica cuántica.

Y todo eso lo vi yo con estos tubos fotomultiplicadores que se han de comer los gusanos.

1

¡Los electrones son azules!

Las líneas espectrales sirvieron para averiguar de qué están hechas las estrellas, para demostrar que hay galaxias y que el Universo está en expansión. Casi nada.

Teníamos unas compañeras de clase que eran hermanas y que, pese a sus escasos 22 años, parecían dos solteronas modositas y recatadas. Les decíamos "las buenitas".

Un día el maestro hizo una demostración con una burbuja de cristal al vacío colocada en el campo magnético de unas bobinas de Helmholtz. Las bobinas de Helmholtz son dos aros paralelos de material conductor por el que se hace pasar una corriente eléctrica; entre los dos aros se genera un campo magnético homogéneo relativamente sencillo, sin complicaciones topográficas. La idea era hacer pasar un haz de electrones por la burbuja y ver cómo el campo magnético hace que se desvíen las partículas eléctricamente cargadas y cómo la dirección de la desviación permite saber si la carga es positiva o negativa.

Al prender el artefacto de inmediato se vio aparecer, en la penumbra del salón oscurecido para la demostración, un hermoso círculo de tenue luz azul entre los aros, como si a las bobinas de Helmholtz se les hubiera salido el alma redonda. Mientras todos contemplábamos embelesados esta maravilla hubo un silencio, el cual no tardó en verse interrumpido por una de las buenitas, que no cabía en sí de gozo y quiso compartir con la clase un descubrimiento deslumbrante:

—¡Los electrones son azules!

No me acuerdo si nos reímos o no, pero ¡qué bonita observación!, ¡qué poética!, ¡qué sugerente y vívida!... ¡qué absolutamente absurda!

No, buenita, los electrones no son azules (quizá por desgracia). Tampoco son rojos, ni verdes, ni de ningún color, porque el color de las cosas es consecuencia de la interacción de la luz con los átomos que las componen. Los electrones desempeñan un papel fundamental en esas interacciones, como veremos, pero el color es un resultado global en el que intervienen grandes números de átomos, por lo que no podríamos decir que los electrones, ni los átomos individuales, tengan color. Qué lástima.

Pero bien mirada la exclamación de mi compañera buenita no es tan absurda. Ingenua puede ser, pero todos somos ingenuos ante lo que no conocemos bien. Es como pensar que el Sol gira alrededor de la Tierra: es lo más natural si sólo tenemos la información directa de nuestros sentidos. Uno no siente que la Tierra se mueva; en cambio sí ve al Sol salir, describir un arco en el cielo y ocultarse por el lado opuesto. Hasta los genios más grandes de la antigüedad llegaron a la conclusión de que el Sol giraba alrededor de una Tierra inmóvil. Lo que debimos haber entendido los que nos reímos ese día era que estábamos en clase para aprender, no para presumir de que ya sabíamos un poquito. El deber del científico, después de todo, no es saber, sino saber ver (como decía Leonardo da Vinci), lo que se hace más fácil si uno observa el mundo con la mente clara, con ingenuidad y sin prejuicios. Perdón, buenita.

Si Issac Newton no hubiera sido un poco ingenuo y falto de prejuicios quizá no se le hubiera ocurrido ponerse a hacer experimentos con rayos de luz y pedazos de vidrio, como hizo en 1666.[1]

Seguramente muchas personas ya habrían notado por entonces que donde hay vidrio y luz aparecen aquí y allí unas manchas de colores muy vivos, que semejan pedacitos de un arco iris roto. Me imagino que al menos lo habrían notado, por ejemplo, los ocupantes —nobles y servidumbre— de los salones del palacio de Versalles, con sus lujosos candiles cargados de gotas de cristal.

Newton dio el siguiente paso: estudiar experimentalmente el fenómeno. Se metió en un cuarto oscuro y dejó entrar la luz del Sol por un orificio circular, dirigiendo el rayo hacia un prisma de vidrio. La luz pasaba por el prisma y se proyectaba en una pared. Lo que salía del prisma, como descubrió Newton, era una banda de colores muy bonitos, ordenados en la misma secuencia que los del arco iris: rojo, amarillo, verde, azul y violeta (y matices intermedios). Así pues, la luz

---

1. Newton era ingenuo y falto de prejuicios sólo en lo que toca a la observación de la naturaleza. En sus difíciles relaciones con las personas era patológicamente suspicaz e intolerante. Newton era incapaz de aceptar críticas y esto le trajo muchos disgustos y a sus contemporáneos también. Entre sus víctimas (o sus verdugos, según el punto de vista) se cuentan científicos famosos como Robert Hooke, bien conocido, entre otras cosas, por sus estudios con resortes, y Gottfried Leibniz, inventor, al mismo tiempo que Newton, del cálculo diferencial e integral.

solar no era la luz más pura y simple, como creía todo el mundo antes de Newton, sino todo lo contrario: era una mezcla de todos los colores, o sea, luz impura y compleja. Newton llamó *espectro* a la gama continua de colores que se produce cuando la luz del Sol pasa a través de un prisma transparente.

Pasó el tiempo y en 1800 un músico convertido en astrónomo se puso a estudiar el espectro del Sol con un termómetro. Este músico-astrónomo se llamaba William Herschel, y es mucho más famoso por su astronomía que por su música. Construyó los telescopios más potentes y finos de su época y, por si fuera poco, descubrió el planeta Urano, el 13 de marzo de 1781.

Herschel obtuvo un espectro solar por el método ya usual de hacer pasar la luz del Sol a través de un prisma y luego fue colocando el termómetro en distintas posiciones a lo largo de la banda de colores. El lado violeta era el que menos efecto tenía sobre el termómetro y el lado rojo, en el extremo opuesto, el que más. Pero Herschel notó que si colocaba el instrumento junto al rojo, donde no se veía ningún color, el termómetro se calentaba todavía más. Al lado del rojo en el espectro solar había un tipo de luz distinto de los colores normales de la luz visible, una especie de color invisible, al cual se dio el nombre de *infrarrojo*.

Al año siguiente, 1801, Johann Wilhelm Ritter, médico y farmacéutico alemán, llevó a cabo experimentos para estudiar el efecto de la radiación solar sobre unas sales de plata (de las que se usaron más tarde para hacer placas sensibles a la luz que sirvieron para tomar las primeras fotografías) y observó que dicho efecto se extendía más allá del violeta, exactamente del lado del espectro opuesto al infrarrojo. Ese nuevo tipo de luz invisible se llamó radiación *ultravioleta*. El espectro solar era mucho más interesante de lo que parecía a simple vista. Hoy sabemos que el infrarrojo, el ultravioleta y lo que llamamos *luz visible*

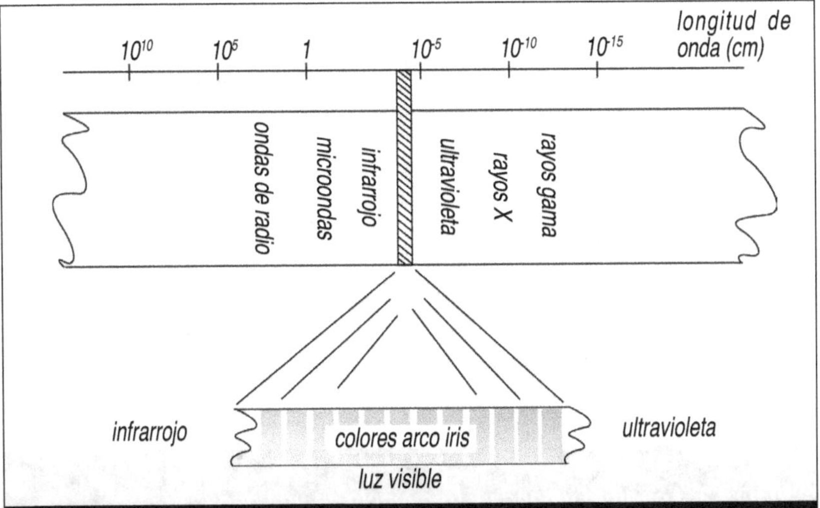

Figura 1. La radiación electromagnética forma una gama continua de ondas de distinta frecuencia. La luz llamada visible es la banda de frecuencias a la que son sensibles nuestros ojos, pero no difiere del resto del espectro más que en el rango de frecuencias en el que se ubica.

son, en esencia, la misma cosa: un tipo de vibraciones, llamadas *ondas electromagnéticas*, que difieren sólo en un parámetro: *la frecuencia*.

La descripción de la luz como onda electromagnética no es completa, pero como ése es uno de los descubrimientos más importantes en la historia de la mecánica cuántica lo dejaremos para el momento adecuado.

Volvamos al relato. Estamos en los albores del siglo XIX. Herschel acaba de descubrir la radiación infrarroja, Ritter la ultravioleta, y con eso se extiende el concepto de espectro de radiación. Por esa época, pero lejos de los círculos donde se llevaban a cabo estos interesantes experimentos, se vino abajo, en Munich, el taller de un vidriero llamado Philipp Weichelsberger. El pobre no era muy listo, y quizá por eso descuidó su taller y lo dejó deteriorarse hasta el punto en que el

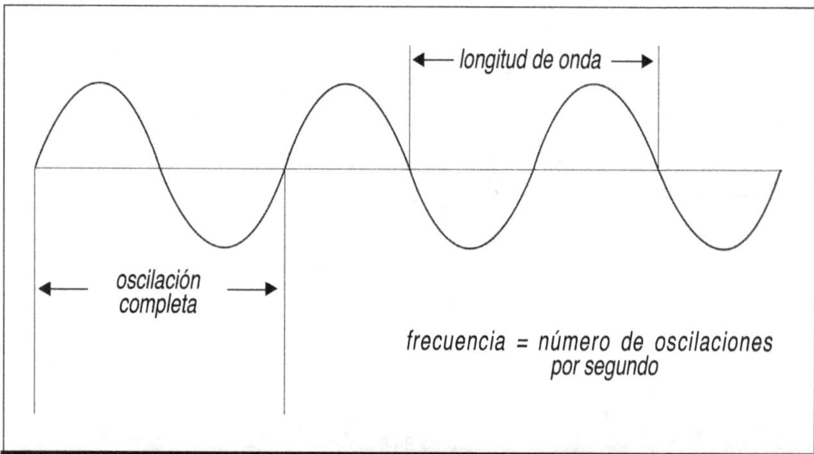

Figura 2. Longitud de onda y frecuencia de una onda.

edificio no aguantó más. Si ése es el caso, Weichelsberger pagó caro su descuido, porque la catástrofe dejó un solo sobreviviente: un muchacho flaco, pobre y poco instruido de nombre Joseph Fraunhofer, que era aprendiz de vidriero y que fue a dar al hospital. En esos tiempos, por lo visto, ya existía el periodismo amarillista (color de buen número de los noticieros de hoy), porque el rescate de Fraunhofer salió en los periódicos. Gracias a lo cual, el príncipe elector de Baviera, Maximilian Joseph, semitocayo del joven herido, fue a ver a éste al hospital y le regaló 18 ducados.

Con el dinero Fraunhofer abrió su propio taller de vidriería y se puso a estudiar las propiedades de vidrios de distintos tipos. En 1814, en el curso de sus estudios, Fraunhofer realizó el experimento del espectro solar pero, en vez de un orificio circular, hizo pasar la luz del Sol a través de una rendija muy delgada, y en vez de una pared para proyectar el espectro, puso un telescopio. Con este dispositivo, el agudo Fraunhofer descubrió que la gama del espectro solar no era continua. En efecto, sobre la banda de colores bien conocida observó unas rayas

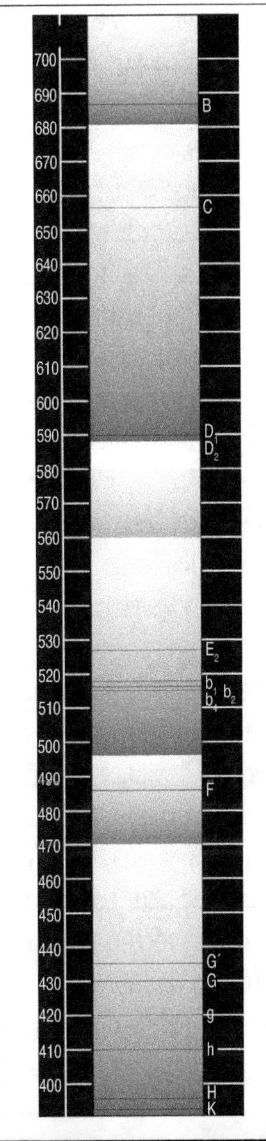

Figura 3. Espectro solar con líneas de Fraunhofer.

oscuras espaciadas irregularmente, como si alguien le hubiera arrancado unas cuantas teclas a un piano.

Fraunhofer sabía que el color de la luz lo determina la frecuencia (o, equivalente-mente, la longitud de onda) y que el espectro era una especie de gráfica en la que los colores se distribuyen con arreglo a su frecuencia. Así, por ejemplo, al pasar del rojo al anaranjado, al amarillo, al verde, al azul y finalmente al violeta, lo que uno hace es avanzar por frecuencias crecientes. La frecuencia de la luz roja es menor que la de la violeta. Las rayas oscuras que observó Fraunhofer correspondían, pues, a frecuencias que por alguna extraña razón no estaban presentes en el espectro. La forma de raya de estos intervalos oscuros era consecuencia de hacer pasar la luz por una rendija delgada. Cada raya es una imagen de la rendija y por eso nadie descubrió las líneas de Fraunhofer en el espectro del Sol mientras el experimento se hizo con aberturas circulares.

"Con el telescopio vi un número casi incontable de líneas verticales más o menos intensas que son más oscuras que el resto de la gama", escribió Fraunhofer. "Algunas se veían completamente negras". Para todo fin práctico, lo que Fraunhofer llama telescopio era ya un *espectroscopio*, un aparato que sirve para ver espectros (de luz, se entiende). Fraunhofer se puso a investigar las líneas oscuras del espectro solar con su espectroscopio y con el tiempo logró determinar la frecuencia correspondiente a cientos de ellas. Luego apuntó su aparato a la Luna y los planetas y descubrió el mismo patrón de líneas en el espectro de estos cuerpos, una hermosa confirmación, por si hiciera falta, de que la Luna y los planetas brillan reflejando la luz del Sol. Cuando dirigió el artefacto hacia las estrellas vio patrones de líneas completamente distintos, pero ése es otro cuento.

Por la época en que se vino abajo el taller donde trabajaba Fraunhofer en su juventud, un químico inglés llamado John Dalton estaba haciendo un descubrimiento que proporcionaría parte de la clave para descifrar el enigma de las líneas oscuras del espectro solar.

Dalton reconocía dos tipos de sustancias químicas: los compuestos, que podían separarse en dos o más sustancias simples; y los elementos, las susodichas sustancias simples, que no se descomponían por más que uno las sometiera a todas las torturas de las que era capaz la química. Dalton realizó experimentos que lo llevaron a concluir que los elementos debían estar hechos de unidades muy pequeñas e indivisibles, como había dicho Demócrito, pensador griego que vivió en el siglo V antes de Cristo. Demócrito había llamado *átomos* a estas unidades elementales e indivisibles (*a-tomos* en griego quiere decir "que no se puede cortar"). En 1803 Dalton desempolvó el concepto de átomo de Demócrito, le hizo ciertas modificaciones para adecuarlo al conocimiento científico de su época y lo usó para explicar por qué un compuesto siempre contiene la misma proporción por masa de los elementos que lo componen. Los elementos debían estar hechos de átomos y el átomo de cada elemento debía tener una masa característica bien definida.

Dalton no convenció a todo el mundo de que la materia estaba hecha de átomos (o moléculas, en el caso de los compuestos), pero la hipótesis atómica fue cosechando éxitos a lo largo del siglo XIX. No había aún pruebas irrefutables de que existieran los átomos, pero cuantos más resultados explicaba la hipótesis atómica, más confianza tenían los científicos en que algo debía tener de cierta. Y así estaban las cosas cuando se produjo un incendio en el puerto alemán de Mannheim, el cual, por casualidad, se encontraba a unos 15 kilómetros del laboratorio de dos físicos llamados Gustav Kirchhoff y Robert Bunsen (el inventor del célebre mechero de Bunsen que conocemos todos los que hemos padecido la secundaria).

Kirchhoff y Bunsen habían estado haciendo experimentos con un espectroscopio. Calentaban sustancias y luego observaban con el aparato la luz que emitían los vapores de éstas. En vez de rayas oscuras sobre una gama continua de colores, Kirchhoff y Bunsen observaron rayas luminosas sobre fondo negro, que coincidían en frecuencia y posición relativa con las rayas oscuras.[2] La luz que emitían los gases incandescentes estaba compuesta de luz de frecuencias selectas, que aparecían como líneas separadas al hacer pasar la luz por el prisma del espectroscopio, como si la misma persona que le arrancó las teclas al espectro solar las acomodara en las posiciones relativas que les correspondían, pero sin el resto del teclado. No tardaron en descubrir que cada elemento químico (de los que se conocían en su época) tenía un patrón de líneas particular. En principio, cada elemento químico podía identificarse por su espectro. Y el método funcionaba incluso cuando los átomos estaban combinados químicamente con átomos de otros elementos, es decir, cuando estaban reunidos en moléculas.

Entonces se produjo el incendio en Mannheim. Las llamas se veían claramente desde Heidelberg, donde trabajaban Kirchhoff y Bunsen,

2. Hoy que sabemos de dónde salen los espectros llamamos *espectro de absorción* al de rayas oscuras sobre fondo de colores y *espectro de emisión* al de rayas de colores sobre fondo negro. Todo esto se aclarará más adelante.

que rápidamente sacaron su espectroscopio y lo usaron para analizar la luz del incendio. Así descubrieron —desde lejos y sin tener en sus manos muestras de las sustancias que ardían— las líneas características de los espectros de los elementos bario y estroncio. ¿Sería posible también —se preguntaron— detectar elementos químicos en el Sol por medio del espectroscopio? "La gente pensaría que estábamos locos por soñar semejante cosa", escribió Bunsen.

En 1861 Kirchhoff intentó esta locura y encontró los espectros individuales del sodio, el calcio, el magnesio, el hierro, el cromo, el níquel, el bario, el cobre y el cinc en el espectro solar —todo en la comodidad de su laboratorio, sin tener que ir a achicharrarse al Sol. Por si fuera poco, Kirchhoff y Bunsen descubrieron dos elementos nuevos, el cesio y el rubidio, usando el espectroscopio. La técnica de la espectroscopía esta-ba resultando bastante útil.

Y lo sería aun mucho más. Las líneas espectrales sirvieron, por ejemplo, para saber de qué están hechas las estrellas, para demostrar que hay otras galaxias además de la nuestra y para descubrir que el Universo está en expansión. Casi nada.

Pero nadie sabía cómo se producían...

Cuando el físico alemán Julius Plücker metió dos terminales eléctricas de metal en un tubo de vacío y les aplicó un voltaje no exclamó "¡Los electrones son azules!", lo cual no tiene nada de raro porque en 1858 nadie sabía que existían los electrones y porque el resplandor que Plücker vio aparecer en las paredes de vidrio del tubo no era azul, sino verde.

Diez años más tarde, un discípulo de Plücker, llamado Johann W. Hittorf, repitió el experimento colocando un obstáculo entre los electrodos y de su sombra dedujo que lo que producía el extraño resplandor verde salía del cátodo. Lo primero que hacen los científicos ante un fenómeno que no entienden es ponerle nombre, lo cual puede parecer poca cosa, pero por lo menos permite que todos sepan de qué están hablando. El originalísimo nombre que dieron a los rayos que salían del cátodo fue *rayos catódicos*.

Lo segundo que hacen los científicos ante un fenómeno que no entienden no es, como creen algunos, echarlo debajo de la alfombra y disimular silbando una tonadilla para que nadie se dé cuenta, sino estudiarlo, interrogar a la naturaleza por medio de experimentos y más experimentos. Eso es lo que hicieron los científicos de la segunda mitad del siglo XIX con los rayos catódicos. Pero antes de continuar me gustaría anticipar una pregunta que sin duda se estará haciendo el lector avispado.

Lector (en lo sucesivo, **L**): Muy bien. Pero, ¿cómo demonios se les ocurrió a los experimentadores meter electrodos en un tubo para ver qué pasaba? No es precisamente lo primero que a uno se le ocurriría, aunque no tuviera nada mejor que hacer.

Autor (en lo sucesivo, **A**): Tiene usted razón, avispado lector. A mí no se me ocurre nada por el estilo ni en mis momentos de peor aburrimiento. Lo que querían hacer originalmente estos investigadores decimonónicos era experimentos de electricidad, que estaban muy de moda a mediados de siglo. En particular les interesaba ver cómo conducían electricidad los gases.

L: Así cambia la cosa. Visto de ese modo sí tiene sentido meter electrodos en un tubo hermético.

A: Sí, y de preferencia de vidrio para poder ver lo que pasa dentro. Un problema especialmente interesante era ver si seguía circulando corriente eléctrica entre los electrodos cuando se iba reduciendo la cantidad de gas en el tubo. Por eso los tubos se conectaban a una bomba de vacío.

L: Me imagino que cuando quedaba muy poquito gas se interrumpía la corriente eléctrica...

A: Pues se imagina usted mal: la corriente seguía pasando.

L: ...

A: Mientras había suficiente gas en el tubo lo que se observaba al echar la corriente era un vistoso patrón de capas de gas incandescente y capas oscuras...

L: ¡Qué bonito!

A: No me interrumpa. El patrón iba variando al reducirse la presión del gas, y también cambiaba según el gas que se empleara. Pero por debajo de cierta presión dejaban de verse capas de gas incandescente...

L: Claro: ya casi no quedaba gas...

A: Exactamente. Pese a todo, los instrumentos indicaban que la corriente seguía pasando. En el extremo opuesto del tubo aparecía una mancha luminosa de color verde. Poniendo obstáculos diversos entre el cátodo y la mancha luminosa fue como Hittorf dedujo que lo que estaba causando la mancha tenía que salir del cátodo.

L: Los rayos catódicos. Ya lo sabíamos.

A: Sí, los rayos catódicos. Pero con ponerles nombre no resolvemos nada. ¿Qué *son* los rayos catódicos?

L: Yo no sé. Usted es el autor.

A: Sí, claro... (ejém)... Prosigo.

Los rayos catódicos sólo podían ser una de dos cosas: algún tipo de ondas electromagnéticas como la luz, o algún tipo de partícula como los átomos. En la física de antes del siglo XX, llamada *física clásica*, no había de otra: o se era onda, o se era partícula y sanseacabó. Los físicos británicos y franceses pensaban que los rayos catódicos eran partículas con carga eléctrica porque habían observado que se desviaban en presencia de un campo magnético. Los físicos alemanes pensaban que eran ondas porque se propagaban en línea recta y la gravedad no los afectaba. (La física en esos tiempos se hacía principalmente en Europa. Estados Unidos y el resto del mundo aún contaban poco.)

El experimento crucial lo realizó un físico británico que se llamaba Joseph John Thomson (aunque sus amigos le decían J. J.). J. J. entró a la universidad a la madura edad de 14 años. Allí tomó cursos de física experimental, lo cual era una rareza en su época. A los 28 ya era catedrático de física del laboratorio Cavendish de la Universidad de Cambridge, del cual acabaría siendo director. En el Cavendish, Thomson llevó a cabo los experimentos que lo hicieron famoso, además de conocer a la mujer con quien se casó e inspirar a una generación entera de físicos jóvenes. Siete de sus colaboradores ganaron el premio Nobel (él tampoco se quedó atrás: se lo habían dado en 1906 por los experimentos que vamos a describir).

Por lo general, los físicos no se distinguen por ser buenos administradores, pero J. J. era la excepción. Bajo su dirección, el laboratorio Cavendish prosperó (más o menos). J. J. hizo construir dos edificios nuevos para el laboratorio financiándolos con el dinero que pagaban los estudiantes, y no con fondos de la universidad. Fuera de la bicoca que proporcionaba el gobierno británico a las universidades y a todas las ramas de la ciencia, el Cavendish no recibía más dinero. Se decía que en el laboratorio de J. J. quien quería hacer experimentos tenía que ir acumulando aparatos con la mano izquierda mientras con la derecha blandía una espada desenvainada. No creo que sea estrictamente cierto, pero en esto el Cavendish se parecía un poco al laboratorio de la Facultad de Ciencias donde mi amiga buenita descubrió que los electrones eran azules. ¡Qué honor![3]

Thomson hizo su famoso experimento en 1897. Para entonces las técnicas de vacío habían adelantado una barbaridad, de modo que

3. Puede que lo de la espada no sea cierto, pero la Universidad de Cambridge debe en parte su fundación, en el siglo XIII, a las trifulcas que se armaban en Oxford entre los universitarios y los habitantes de la ciudad, y hoy en día, o hasta hace poco, los estatutos de la Universidad de Oxford todavía prohíben a los estudiantes portar arco y flecha. Los maestros, al parecer, sí pueden, aunque pocos lo hacen que yo sepa.

J. J. estaba bien seguro de que sus rayos catódicos cruzaban el tubo sin toparse con ningún átomo (o con muy pocos). Él les puso obstáculos de otro tipo: dos placas de aluminio paralelas, una arriba y otra abajo, entre las cuales tendrían que pasar los misteriosos rayos. Las placas de aluminio estaban cargadas eléctricamente y J. J., por supuesto, sabía cuál tenía carga positiva y cuál negativa. Cuando a la placa de arriba le daba carga positiva los rayos se desviaban hacia arriba; cuando le daba carga negativa, hacia abajo. Sabiendo que las cargas eléctricas del mismo signo se repelen y las de signo contrario se atraen, la conclusión inmediata fue: los rayos catódicos tienen carga eléctrica negativa. Muy bien.

Thomson tuvo el cuidado de hacer el mismo experimento varias veces cambiando el material de los electrodos. Los rayos catódicos conservaban sus propiedades aunque cambiara el metal. También lo repitió llenando el tubo de gases distintos (y luego haciendo el vacío, claro) y obtuvo los mismos resultados. Al final concluyó que los rayos catódicos eran unas partículas a las cuales llamó *corpúsculos*. Los corpúsculos tenían una masa muy pequeña comparada con la del átomo más ligero (el hidrógeno). Se encontraban presentes en toda la materia y por lo tanto debían formar parte de todos los átomos. J. J. fue el primero en proponer que los átomos de Dalton no eran unas bolitas de material sólido sin estructura, sino sistemas hechos de partes aún más pequeñas. Los átomos no eran *a-tomos* en el sentido que le había dado a la palabra Demócrito. Los famosos corpúsculos acabaron llamándose *electrones* por sus propiedades eléctricas, y así es como los conocemos hoy. Los rayos catódicos son electrones.

L (interrumpiendo el monólogo del autor): ¡Los electrones son verdes!

A (algo exasperado): Ya sabía que iba usted a decir eso. No, querido lector, los electrones tampoco son verdes. Hoy sabemos que los rayos catódicos se producen cuando los pocos átomos cargados positivamente (ionizados) que quedan en el tubo chocan con el cátodo, que los atrae con su carga negativa. Al chocar los iones con el cátodo le arrancan electrones al metal y éstos se aceleran hacia el ánodo, que tiene carga positiva. Los electrones adquieren velocidades grandísimas. Cuando chocan contra el extremo del tubo les ceden energía a los átomos y éstos la emiten de nuevo en forma de luz verde.

L: Ah...

Así pues, los electrones eran partículas cargadas negativamente mucho más ligeras que el átomo de hidrógeno, y estaban presentes en toda la materia. Los átomos ya no podían considerarse como canicas sólidas sin estructura. Había que abrir espacio en el átomo para los electrones.

Thomson y algunos físicos teóricos se dijeron que, puesto que los átomos, por lo general, tienen carga eléctrica total igual a cero, debían contener, además de los electrones, una sustancia de carga positiva para contrarrestar la carga negativa de éstos. Al mismo tiempo, como los electrones eran tan ligeros (un electrón pesa unas 1800 veces menos que un átomo de hidrógeno), la mayor parte de la masa de un átomo tenía que estar en el material de carga positiva. Entre 1903 y 1907 Thomson estuvo batallando con toda la información que tenía acerca del átomo. ¿Cómo estaban acomodados los electrones y el material de carga positiva? Él hizo lo que hubiera hecho cualquier científico que se respete: proponer de manera hipotética un *modelo* que permitiera entender todo lo que por entonces se sabía acerca del átomo.

A falta de más información (que no tardaría en llegar) J. J. se imaginó los átomos como esferas de carga eléctrica positiva dentro de las cuales se alojaban los electrones como si fueran las pasas de un panqué. El modelo atómico de Thomson se conoce como...

L: ¡No me diga, no me diga! Voy a tratar de adivinar: ¡se conoce como el modelo del panqué de pasas!

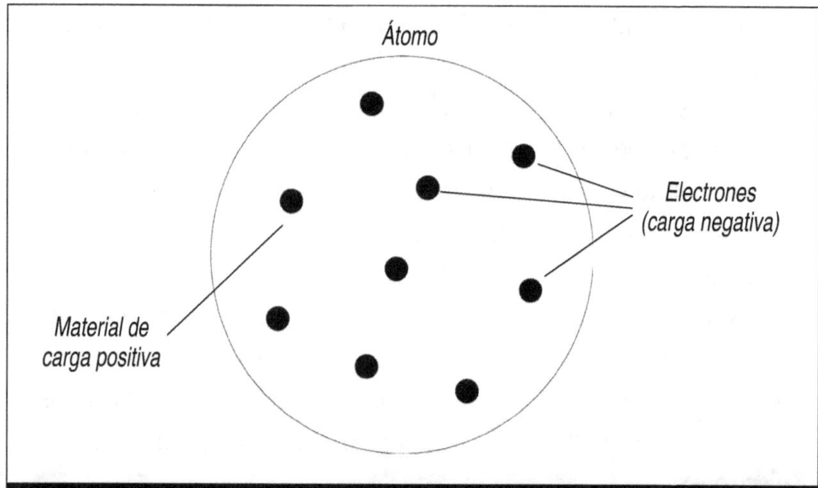

Figura 4. El modelo de Thomson. Receta para un panqué de pasas.

A: Es usted un genio.

Thomson propuso este modelo en 1909 (basándose en una idea original de Lord Kelvin, por cierto), pero no era el único posible. Por la misma época (y con la misma información que Thomson), el físico japonés Hantaro Nagaoka ideó un modelo en el cual el átomo era como un Sistema Solar en miniatura, o más bien como una versión minúscula del planeta Saturno, con la carga positiva concentrada en el centro y los electrones girando alrededor en una especie de anillo. El panqué de pasas y el Saturno en miniatura eran modelos completamente distintos y hasta opuestos. En uno la carga positiva está distribuida por todo el volumen del átomo; en el otro está concentrada en el centro. En uno los electrones están inmóviles; en el otro giran alrededor de un núcleo. Claramente no había cabida en el mundo para ambos modelos; uno de los dos tendría que morir (o ambos: con la información existente en esa época el átomo bien podía ser una cosa distinta). ¿Cómo decidir cuál era el bueno?

Hay muchas formas de decidir entre dos alternativas: echar un volado, contar "de tin marín de do pingüé" o sacar papelitos de una caja cerrando los ojos. Pero a los científicos —raza de tercos— no les gusta ninguno de estos métodos. Tampoco les gusta elegir teorías y modelos por votación popular. En la ciencia los métodos de la democracia serían catastróficos porque, a diferencia de lo que ocurre muchas veces en política, la verdad no la dicta la mayoría,[4] ni el grupo que tiene más policías o más bombas, ni el que habla más bonito, sino la naturaleza. Tendría que ser la naturaleza, única autoridad que reconocen los científicos, quien decidiera qué modelo atómico era el bueno.

¿Cómo sabemos qué opina la naturaleza de nuestras teorías? Pues preguntándole, sólo que a ella le preguntamos por medio de experimentos. El hombre que le haría la pregunta acerca de la estructura del átomo llegó al laboratorio Cavendish a trabajar con J. J. Thomson en 1895, procedente de su nativa Nueva Zelanda. Se llamaba Ernest Rutherford; era alto y fornido, le gustaba el fútbol, tenía una voz atronadora y a sus 24 años ya era un físico experimental de primera categoría.

Pero antes de contar las hazañas de Rutherford es preciso hablar de otro físico que por la misma época hizo un descubrimiento casi tan pasmoso como el de los electrones azules de la buenita, pero que, a diferencia de éste, resultó ser cierto. El físico en cuestión es Max Planck y el descubrimiento... bueno, el descubrimiento lo veremos en el capítulo siguiente.

4. Por lo menos a largo plazo, mientras se dispersan las brumas de la paradoja y por fin todos los científicos se ponen de acuerdo. Más adelante veremos el caso de una importante disyuntiva científica (la interpretación correcta de la mecánica cuántica) que se decidió por decreto y aceptación del decreto por la mayoría.

2

Un acto de desesperación: la primera hipótesis cuántica

Si se le hubiera aparecido un fantasma no hubiera sido
mayor la sorpresa de Max Planck.

Planck era un hombre metódico, cualidad que le venía de familia. Muchos de sus antepasados, incluyendo a su padre, se habían dedicado a las leyes. No eran unos abogados cualesquiera: los Planck tenían fama de justos, incorruptibles y disciplinados, y al padre de Max se le conoce por haber colaborado en la redacción del código civil prusiano.

Planck reflejaba estos principios hasta en sus tareas cotidianas: trabajaba siempre a la misma hora (y de pie), salía a dar un paseo a otra hora bien definida e invariable, y todos los días dedicaba la misma media hora a tocar el piano. Además de músico era deportista y siempre le gustó hacer excursiones en las montañas. A los 80 años seguía escalando periódicamente algunos picos de los Alpes, cuyas cumbres nevadas se veían desde Munich, donde Planck pasó gran parte de su vida.

Me es muy grato poder presumir de que comparto con Planck dos características (tres, contando la calvicie): a mí también me gusta tocar el piano e ir de excursión a las montañas. (Lástima que ahí termina la cosa.) Cuando todavía estaba en la preparatoria, solía ir con mis amigos de campamento a unas montañas que están al poniente de la ciudad de México, por el pueblo de Santa María Mazatla. No son precisamente los Alpes, pero se encuentran a una altitud suficiente como para que de noche haga un frío espantoso incluso en verano, y en ocasiones las he visto cubiertas de nieve.

En la montaña se pueden entender algunos aspectos del fenómeno que estaba estudiando Planck cuando hizo el descubrimiento que le heló la sangre. Una noche levantamos la tienda en un paso alto entre dos valles cubiertos de pinos. En la madrugada empezó a soplar un viento gélido que aullaba al desgarrarse entre las ramas altas de unos árboles ralos. Me despertó el frío. La fogata estaba apagada, pero quedaban unos cuantos rescoldos encendidos que emitían un resplandor anaranjado debajo de las cenizas. Las piedras con las que habíamos hecho la hoguera despedían un calorcito muy agradable, de modo que fui por una, la metí en mi *sleeping bag* y así pude dormir hasta el amanecer. En otra ocasión nevó. La nieve cubría la hierba y se extendía a los pies de los peñascos. Las rocas, de colores pardos y negros, estaban calientes y la nieve, de un blanco enceguecedor, estaba fría, naturalmente. El hecho parece evidente y señalarlo puede parecer tonto, pero no lo es tanto. Esta sencilla y cotidiana observación tiene que ver con el fenómeno que estaba estudiando Planck.

Los rescoldos de una fogata están muy calientes. Los vemos emitir una luz rojiza, que se aviva cuando les soplamos. Las piedras están más frías, pero despiden calor. Eso que se siente como calor es radiación infrarroja. La nieve está todavía más fría y no se siente que despida calor ni mucho menos, pero con los instrumentos científicos adecuados podríamos darnos cuenta de que también la nieve emite radiación electromagnética.

De hecho, como ya sabían Planck y sus contemporáneos, todas las cosas emiten radiación electromagnética en virtud de estar a una temperatura mayor que el cero absoluto.[5] A esa radiación, cuyas propiedades dependen de la temperatura del objeto, se le llama *térmica*.

El color de la radiación que emite un objeto cambia con la temperatura. Los objetos emiten radiación de toda una banda de frecuencias, pero una sola es la que predomina. A temperaturas bajas, como la de la nieve, los objetos emiten sobre todo radiación de ondas largas de intensidad y frecuencia bajas correspondiente a la parte infrarroja del espectro. Al aumentar la temperatura aumentan también la frecuencia de la radiación y su intensidad. Las rocas calentadas por el Sol emiten rayos infrarrojos de mayor frecuencia y con intensidad suficiente para que la sintamos. Los rescoldos, a temperaturas todavía mayores, emiten principalmente radiación anaranjada (ya en la parte visible del espectro) aunque también en el infrarrojo, como lo demuestra el hecho de que despidan calor. Si la temperatura siguiera aumentando, los veríamos emitir luz amarilla. Un objeto suficientemente caliente emite radiación visible de todos los colores (además de infrarrojo y ultravioleta) con mucha intensidad.

---

5. El grado cero de la escala absoluta de temperaturas, también llamada escala Kelvin, es igual a -273.16 grados Celsius. La unidad de temperatura en la escala absoluta se llama simplemente *kelvin* (sin "grado"). Decimos que cero kelvin es igual a -273.16 grados Celsius, o en símbolos, 0 K = -273.16°C.

L: Eso me recuerda el experimento de descomposición de la luz que hizo Isaac Newton.

A: En efecto, avispado lector. Con ese experimento Newton demostró que la luz blanca es una mezcla de todos los colores. Si un objeto muy caliente emite radiación de todos los colores entonces...

L: ...debe verse blanco. ¡Claro!

A: Claro, y así se ve, por ejemplo, un trozo de metal al sacarlo de un horno muy caliente. ¿Y todo esto de frecuencias e intensidades no le recuerda otra cosa?

L: ...mmm...

A: ¿Algo que tiene que ver con Kirchhoff y Bunsen y Fraunhofer?

L: ¡Los espectros!

A: En efecto, los espectros.

Una idea muy natural era determinar experimentalmente el espectro de la radiación térmica y los investigadores se dieron cuenta de que era muy distinto de los espectros de los gases incandescentes. Mientras los de éstos consisten en líneas separadas, los de los sólidos calientes son continuos.

Además de determinar de qué colores estaba compuesta la radiación térmica, los físicos de tiempos de Planck ya tenían manera de medir la intensidad o la energía con que cada color estaba representado en un espectro. Esto es lo que se conoce como *distribución espectral*, porque muestra cómo se distribuye la energía total de la radiación entre los colores de su espectro.

La distribución espectral de la radiación que emite un objeto es una especie de lista de ingredientes, que podría decir así:

FRECUENCIA	INTENSIDAD
0.75	1
0.85	1.8
1	2.8
1.2	4
1.5	5.1
2	4.5
3	2.2

y esta lista de ingredientes se puede ilustrar con una bonita gráfica, así:

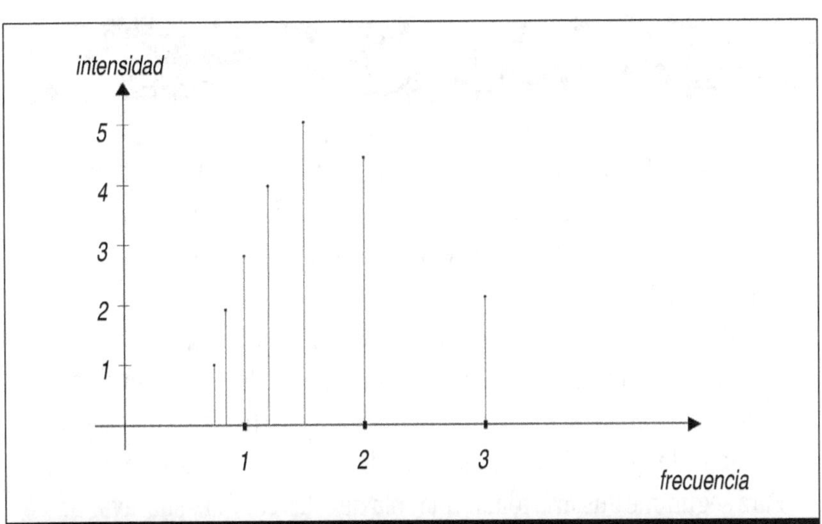

Figura 5. Distribución espectral del objeto fulano cuando se encuentra a tal temperatura.

Es como si la receta de un panqué de pasas, por ejemplo, se expresara por medio de una gráfica. Yo me la imagino así:

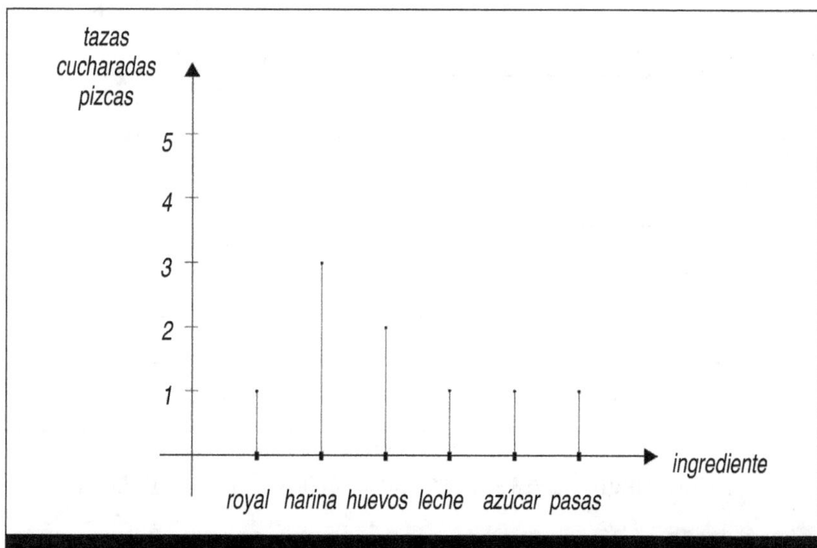

Figura 6. Ingredientes de un panqué de pasas.

El caso de la radiación electromagnética es matemáticamente más preciso, pero se parece. Las curvas de la figura 7 son las que los físicos experimentales habían obtenido haciendo mediciones a fines del siglo XIX.

Estas curvas tan vistosas resumen todo lo que dijimos más arriba acerca de la radiación térmica: que al aumentar la temperatura el color de la radiación predominante se desplaza del rojo hacia el violeta y que la intensidad de cada color así como la energía total radiada crecen. Para seguir me gustaría tomar una sola de estas curvas y subrayar otra característica importante (véase la figura 8). La curva tiene un máximo (una joroba) que corresponde al color predominante. A uno y otro lado

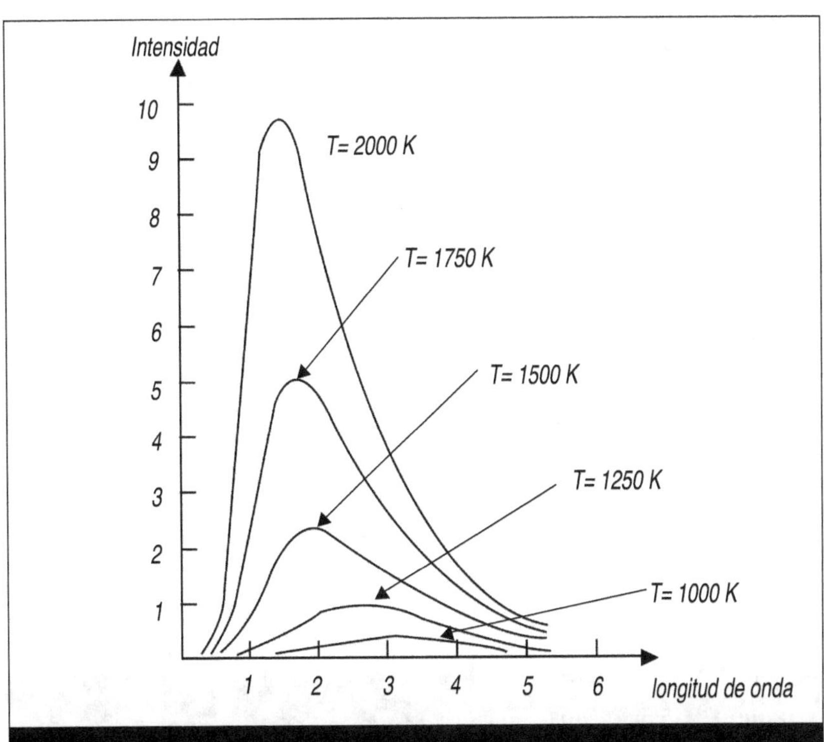

Figura 7. Distribución espectral de la radiación térmica.

del máximo, empero, hay toda una banda de colores que también está presente y por eso los objetos calentados a miles de kelvin (miles de grados Celsius) se ven blancos. Pero cuando nos alejamos del máximo a uno y otro lado (hacia el infrarrojo y el ultravioleta) notamos que la curva cae precipitosamente hacia cero. Menos mal, porque de lo contrario todas las frecuencias del espectro electromagnético estarían presentes con mucha intensidad y los objetos calientes emitirían cantidades de energía pavorosas que lo achicharrarían todo en un destello mortífero de radiación. La elegante caída de las faldas de estas curvas implica que los objetos muy calientes no emiten una cantidad de energía infinita.

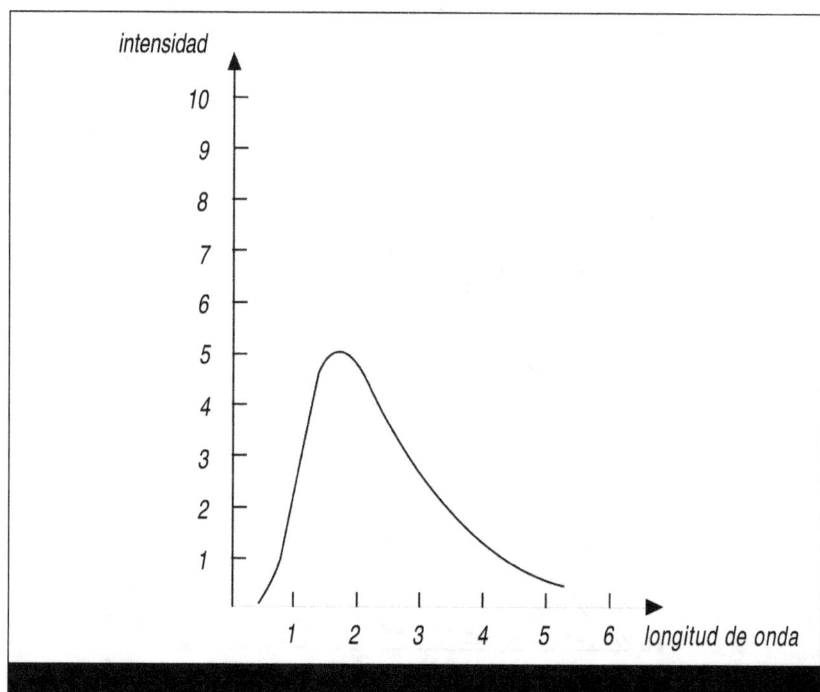

Figura 8. Una sola de estas curvas.

Estas curvas son resultado de la observación experimental de los físicos del siglo XIX, pero no es lo mismo *observar* un fenómeno que *entenderlo*. Lo que quieren los físicos en el fondo es entender, lo cual muchas veces se traduce en tener una bonita ecuación que reproduzca correctamente lo que se observa.

Tanto los ingenieros como los físicos usan muchas ecuaciones, pero las de los primeros derivan con frecuencia de un proceso de ensayo y error: observan un fenómeno y luego van ajustando una expresión matemática para que lo describa, sin preocuparse de dónde sale. Los ingenieros son, ante todo, personas pragmáticas y sus métodos los conducen a resultados asombrosos. A los físicos, en cambio, les gusta más una ecuación obtenida a partir de *primeros principios*, es decir, que derive de aplicar las leyes más generales de la física.

Hacia fines del siglo XIX los físicos ya habían obtenido dos ecuaciones para la distribución espectral de la radiación térmica (también llamada *radiación de cuerpo negro* por razones históricas) basadas en las más sagradas leyes de la física de esa época: la termodinámica, el electromagnetismo de James Clerk Maxwell y la mecánica de Isaac Newton. Estaba por un lado la fórmula de Lord Rayleigh (ligeramente modificada por James Jeans) que coincidía con los resultados experimentales en la re-gión de frecuencias bajas (infrarrojo), pero fallaba miserablemente en el ultravioleta, donde la curva se proyectaba con decisión hacia arriba sin volver a bajar, lo que implicaba que, según la expresión de Rayleigh-Jeans, las cosas emitían una cantidad de energía infinita en esa región del espectro. Este incómodo defecto se conoce como *catástrofe ultravioleta*, y, en efecto, resultó catastrófico para la física que hoy llamamos clásica (la de antes de la relatividad y la mecánica cuántica).

Por el otro lado (del espectro) estaba la fórmula de Wien, que describía más o menos bien las cosas en la parte ultravioleta del espectro, mas no en la infrarroja. Como ambas expresiones estaban basadas en principios muy generales del conocimiento físico de la época había que concluir sin remedio que dicho conocimiento contenía en lo más profundo de su ser algún error fundamental.

Había que concluirlo, pero nadie se atrevía porque la física clásica había dado resultados impresionantes desde tiempos de Newton. Uno de los más espectaculares (y por aquella época el más moderno) era la descripción de la luz en términos de ondas electromagnéticas. De que la luz era un tipo de onda ya no quedaba la menor duda. Todos los fenómenos de la óptica, desde la descomposición de la luz blanca en un arco iris hasta los colores iridiscentes de las alas de las mariposas y de los charcos de agua aceitosa, desde el funcionamiento de las lentes hasta la extraña propiedad de los cristales de Islandia, que partían los rayos de luz en dos, se explicaban muy bien suponiendo que la luz era una onda. Más convincente todavía: en ciertas condiciones, dos fuentes de luz cercanas podían producir oscuridad al sumarse sus efectos. Si la luz estuviera hecha de partículas no habría manera de explicar este fenómeno, conocido como *interferencia*, porque una suma de partículas no puede dar como resultado cero,[6] en cambio, una de ondas sí: si las ondas de las dos fuentes son de longitud casi igual o igual, entonces habrá regiones donde las jorobas de unas se sumen a los valles de otras. Las ondas se anulan y el resultado es una región de oscuridad. Si los valles de unas coinciden con los valles de otras, entonces se sumarán y el resultado será una onda del doble de tamaño. La teoría electromagnética de Maxwell precisaba la naturaleza de las ondas de luz —eran

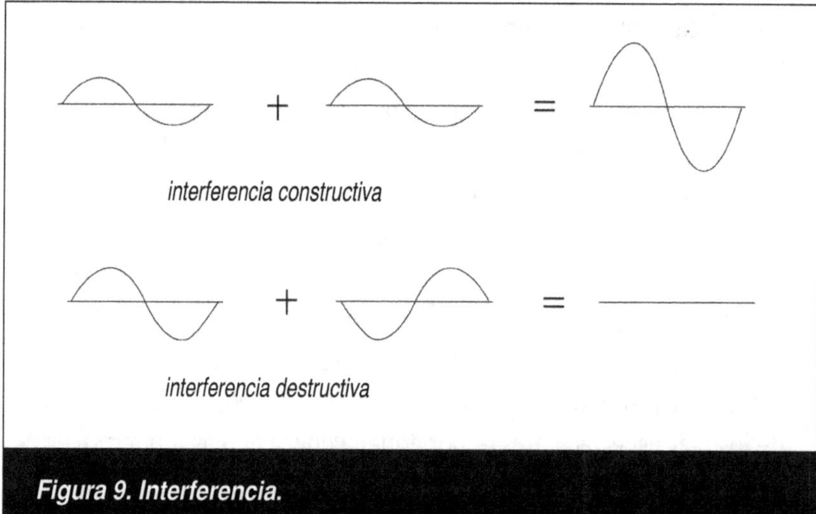

Figura 9. Interferencia.

6. Trate usted de sumar canicas, por ejemplo, a ver si puede obtener cero canicas poniendo cada vez más canicas. Tómelo como un reto.

ondulaciones de campos eléctricos y magnéticos—y hasta proporcionaba un valor teórico para su velocidad de propagación, valor que coincidía con las mediciones experimentales de la velocidad de la luz.

En el último decenio del siglo XIX muchos físicos pensaban que su disciplina estaba casi completa, que describía prácticamente todo lo que se observaba en la naturaleza y que en adelante ya no habría más leyes generales que descubrir. Se imaginaban que el trabajo de los físicos del futuro consistiría sólo en refinar mediciones, ajustar constantes y aburrirse como unas ostras.[7] Y cuando Max Planck decidió atacar el proble-ma de encontrar la expresión matemática correcta para la distribución espectral de la radiación de cuerpo negro, jamás sospechó que para hacerlo tendría que rechazar uno de los principios más sagrados de su amada física.

Para empezar, Planck hizo lo que acostumbran hacer los ingenieros: se puso a buscar una expresión matemática que describiera correctamente la distribución espectral de la radiación de cuerpo negro sin preocuparse de primeros principios. Tomó las dos fórmulas existentes, la de Rayleigh-Jeans y la de Wien, que funcionaban bien en los extremos del espectro, y las zurció con un parche matemático. Obtuvo una fórmula híbrida que daba los mismos resultados que la de Rayleigh-Jeans en el extremo de frecuencias bajas y que la de Wien en el de frecuencias altas, pero resultados muy distintos en la región intermedia.

El 19 de octubre de 1900 Planck presentó su fórmula empírica ante la asamblea de la Sociedad Física de Berlín, en la cual se encontraba un físico llamado Heinrich Rubens que había hecho mediciones experimentales de la distribución espectral de la radiación térmica. Rubens se pasó la

---

7. Los físicos que pensaban semejante cosa, como veremos más adelante, se llevaron el susto de su vida cuando la teoría de la relatividad y la mecánica cuántica trastocaron la física clásica y abrieron puertas insospechadas. Hoy en día hay físicos que dicen que ahora sí de veras la física está casi completa y que queda poco por hacer. Mmmm...

noche comparando sus resultados experimentales con la fórmula de Planck y descubrió que coincidían a las mil maravillas. La fórmula era correcta y Rubens se fue muy contento a contárselo a Planck.

Podría pensarse que con esto Planck se puso a saltar de gusto, pero no fue así. Había ganado, es cierto, pero sabía (y no era secreto para nadie) que había hecho trampa. Su acierto se debía a una "conjetura afortunada", como él mismo dijo. Para que la fórmula fuera completamente satisfactoria había que obtenerla partiendo de primeros principios. ¿Por qué funcionaba? Eso es lo que Planck quería saber. De modo que volvió a meterse en su estudio, donde tenía un pupitre alto en el que podía trabajar de pie como a él le gustaba, y se dedicó a desmantelar su misteriosa fórmula.

Planck era, quizá, uno de los seguidores más apasionados de la física clásica. Es más, llevaba muchos años dedicándose a la termodinámica, en particular a tratar de demostrar que su segunda ley, que trata de la entropía, era un principio fundamental de la física y no, como implicaban los trabajos de su contemporáneo Ludwig Boltzmann, un resultado estadístico secundario. De hecho, ése era precisamente el problema que cuatro años antes lo había conducido a estudiar la radiación de cuerpo negro.

"Al cabo de unas semanas, durante las cuales trabajé con más intensidad que nunca, empecé a ver con claridad y una visión inesperada se perfiló en la lejanía", dijo Planck después. Por más que le daba vueltas, no conseguía llegar a su fórmula usando la termodinámica sin métodos estadísticos. Por fin se convenció y echó mano del método de Boltzmann. No tardó en darse cuenta de que además del método estadístico tenía que introducir un postulado adicional, sin el cual no iba a obtener la distribución espectral correcta: que en el proceso de emisión y absorción, los objetos y la radiación intercambiaban energía a saltos.

A: Y aquí, querido lector, hacemos una pausa para reflexionar en silencio: nos encontramos en uno de los momentos más tremendos de la historia de la ciencia.

L: No entiendo nada. ¿Por qué...

A: ¡Shhhh! Un minuto de silencio, por favor. (El autor inclina la cabeza en actitud reverente. Se le oye musitar algo para sí. Al lector le parece oír campanas en la lejanía.)

(Transcurre un minuto.)

L: ¿Ya me puede hacer caso? Explíqueme qué es eso de que la energía se intercambia a saltos y por qué lo pone a usted en semejante estado de éxtasis religioso.

A (volviendo del trance): Sí, claro. Discúlpeme.

El momento en que Planck se dio cuenta de que la energía se intercambiaba a saltos marca la ruptura con la física clásica y el nacimiento de la física cuántica. En la clásica, las cosas pueden tener e intercambiar cualquier cantidad de energía. Es como tocar el violín: uno puede producir una gama continua de sonidos deslizando el dedo por la cuerda al tiempo que mueve el arco. En una rampa ocurre algo similar: uno se puede parar en cualquier punto y subir o bajar en incrementos grandes o pequeños. ¿Qué tan pequeños? Pues, en principio, infinitamente pequeños si usted quiere. Eso es lo que daba por sentado la física clásica, lo cual es muy natural porque nadie había detectado limitaciones, por ejemplo, en la energía que se le podía imprimir a un péndulo. Ésta se podía hacer variar continuamente. Y lo mismo se creía de los planetas. La energía depende de su distancia al Sol, y hubiera sido absurdo pensar que, modificando adecuadamente los parámetros orbitales de los planetas, no pudiera uno colocarlos a cualquier distancia (como, de hecho, hacemos con los satélites artificiales, que son más fáciles de manipular que los planetas). No había distancias permitidas ni prohibidas de tal manera que la energía sólo pudiera modificarse a saltos.

Pero la distribución espectral de la radiación de cuerpo negro le pedía a Planck a gritos que introdujera saltos de energía. Era como tocar el piano: uno puede tocar un fa o un fa sostenido, por ejemplo, mas no la infinidad de sonidos intermedios. Si el violín es como una rampa, el piano es como una escalera. Los peldaños se encuentran a niveles bien definidos. Se puede estar en un peldaño o en otro, pero no en los niveles intermedios. La altura en una escalera, como el tono en un piano, cambia a saltos.[8] Así —le gritaba la fórmula a Planck— intercambian energía la materia y la radiación en forma discontinua, aunque la física clásica diga que es imposible. Planck no daba crédito a sus ojos, pero al final tuvo que ceder a la evidencia. "En pocas palabras", escribió luego Planck, "puedo decir que todo el proceso fue un acto de desesperación".

> Soy de naturaleza pacífica y no me atraen las aventuras. Pero por espacio de seis años había estado librando una batalla sin éxito contra el problema del equilibrio entre la radiación y la materia. Sabía que el problema es de importancia fundamental para la física, conocía la fórmula que reproduce la distribución de energía del espectro normal; había que encontrar una interpretación teórica a cualquier costo. La física clásica no era adecuada, eso me quedaba claro...

Dos meses después de presentar su fórmula empírica ante la Sociedad Física de Berlín, Planck expuso ante los honorables miembros su terrible conclusión. La fórmula sólo podía explicarse si la materia y la radiación no intercambiaban energía en forma continua, como indicaba el sentido común, sino a saltos, a los cuales Planck se refería con una palabra latina que quiere decir "qué tanto": *quantum*, y en plural *quanta*, palabra que castellanizaremos sin demora ni miramientos: en español llamamos a estos saltos *cuantos* y al resultado de Planck *hipótesis cuántica*.

8. Creo que a Planck le hubiera gustado esta metáfora musical. También le hubiera gustado a Albert Einstein, a quien le tocó dar el siguiente gran salto cuántico, como veremos en el próximo capítulo, y quien, por cierto, tocaba el violín.

Los cuantos de energía pueden considerarse como una especie de átomos en el sentido de Dalton y Demócrito, es decir, unidades mínimas indivisibles: unos "átomos" de energía. ¿Ha visto usted una imagen digital aumentada muchas veces? Llega un momento en que las curvas de la imagen, los cambios de matiz y la textura, que nos habían parecido continuos y suaves se vuelven discontinuos y "cuantizados": aparecen cuadritos (pixeles), cada uno de un solo color, pero que en conjunto y de lejos dan la impresión de continuidad de la imagen. Los pixeles son a la imagen exactamente lo que los átomos a la materia y los cuantos a la energía.

Con todo, Planck y sus colegas no concluyeron que la radiación estuviera cuantizada. No se atrevían. Las ondas electromagnéticas de Maxwell, tan continuas, clásicas y bien portadas (tan buenitas, como mis compañeras de laboratorio), describían maravillosamente bien el comportamiento de la radiación en otros casos. Había que tener cuidado y no desechar la teoría electromagnética a la primera dificultad.

Así que Planck presentó su resultado como una propiedad curiosa de la interacción entre materia y radiación, no como una propiedad intrínseca de ésta última. La radiación seguía estando compuesta de ondas, pero, por alguna razón desconocida, al interactuar con la materia se comportaba como si estuviera hecha de granitos de energía. Por espacio de cinco años los pocos físicos que tenían presente el resultado de Planck lo consideraron como un simple truco matemático útil, pero sin significado físico. El propio Planck confiaba en que la horrible hipótesis cuántica acabaría por ser sustituida por una explicación consistente con la física clásica.

Pero no habría de ser.

3

Sonata para piano y violín

*Tocada al piano por el compositor Max Planck y acompañada
magistralmente por el primer violín Albert Einstein.*

Podría pensarse que la hipótesis cuántica de Planck desató una revolución inmediata en la física, mas no fue así. Los primeros años del siglo XX transcurrieron en relativa tranquilidad, pero era la que precede a la tormenta. La tormenta se estaba gestando en la apacible ciudad suiza de Berna, donde el 23 de junio de 1902 un joven físico muy alejado del mundo académico y con problemas para conservar empleos entró a trabajar en la oficina de patentes, fundada hacía apenas 14 años. Sus amigos y familiares creían que un puestito de funcionario público sería lo mejor para él y suspiraron aliviados, pensando que ahí se quedaría por los siglos de los siglos el insolente e indisciplinado Albert Einstein. Pero él tenía sus propios planes. Ni siquiera de niño dejó que otros llevaran las riendas de su vida, como se ve en sus *Notas autobiográficas*, cuya lectura recomiendo a todos los rebeldes incomprendidos que no vean a su alrededor más que vanidad e hipocresía, para que sepan que están en buena compañía. No puedo resistir citar un pasaje de las *Notas*:

> Como primera escapatoria [de la existencia vacía] estaba la religión. Así, pese a ser hijo de padres nada religiosos, caí en una profunda devoción, la cual, sin embargo, se cortó de tajo cuando cumplí 12 años. Leyendo *libros de divulgación de la ciencia*[9] no tardé en convencerme de que muchas de las historias de la Biblia no podían ser verdad. El resultado fue una orgía de libre pensamiento verdaderamente fanática, acompañada de la impresión de que el estado engaña a la juventud con mentiras; fue una impresión abrumadora. De esta experiencia nació una desconfianza hacia cualquier clase de autoridad, una actitud de escepticismo ante las convicciones presentes en cualquier entorno social —actitud que nunca me abandonaría, aunque más tarde, cuando entendí mejor las causas, perdió parte de su impacto.

A Einstein no le gustaban nada los métodos coercitivos de la educación alemana de fines del siglo XIX. A los 12 años se enteró de que en un curso próximo tendría que aprender geometría y se puso a leer por su cuenta. La exposición de la geometría que encontró en el libro no se parecía nada a las tediosas clases en las que lo obligaban a tragarse el conocimiento a fuerzas y a aprenderse de memoria cosas que no se entendían. El estudio voluntario, en cambio, sabía a libertad y le gustó. Se propuso entonces descifrar el enigma del mundo.

9. Las cursivas las puse yo para enfatizar. Esto es lo que se conoce como llevar agua a su molino.

A los 16 años se interesó en el fenómeno de la luz y empezó a hacerse muchas preguntas, como cualquier adolescente a quien la vida no le haya mellado la curiosidad. La pregunta más insólita que se hacía el joven Einstein era quizá ésta: ¿cómo se verá la luz si uno viaja a la velocidad de la luz? La luz era un tipo de onda, eso había quedado archidemostrado a lo largo del siglo XIX. Otras ondas, como las olas del mar, por ejemplo, pierden el carácter ondulatorio si uno se desplaza a la misma velocidad que ellas. ¿Qué ocurriría con la luz?

De los personajes famosos con cuyo ejemplo nos atormentan y nos acomplejan nuestros padres y nuestros maestros hay unos que se merecen la fama y otros que no. Entre los primeros hay quienes se han ganado su inmensa popularidad ante el público por una o dos obras que no son necesariamente las mejores. Tal es el caso, en la música, de Johann Pachelbel con su celebérrimo canon en re mayor para tres violines, que se toca en todas las bodas de postín; de Gustav Holst con su suite para gran orquesta *Los planetas*, y de Carl Orff con la cantata *Carmina burana*. A Maurice Ravel lo asociamos invariablemente con el *Bolero*. Pero Pachelbel complementó el canon con una *giga* que nunca se toca (y que yo no conozco), el *Bolero* de Ravel es una sola de una gran cantidad de obras de ese compositor (mucho más interesantes, por cierto), y Holst y Orff, aunque quizá menos prolíficos, también compusieron otras obras dignas de escucharse.

Lo mismo sucede con Albert Einstein, a quien todo el mundo asocia infaliblemente con la teoría de la relatividad. Ésta, por supuesto, es importantísima y bastaría para haber hecho famoso a su creador, pero Einstein, a quien muchas personas consideran el científico más grande de todos los tiempos, incursionó en muchas otras ramas de la física y hasta inventó un refrigerador. En 1905, el mismo año en que propuso la teoría especial de la relatividad, publicó otros tres artículos que también hubieran bastado para hacerlo famoso. Uno incluso le valió el Premio Nobel 16 años después (y no fue el de la relatividad).

En 1905 Albert Einstein tenía 26 años, trabajaba como funcionario público de baja categoría, nunca había tenido un puesto académico y nadie lo conocía. Su trabajo en la oficina de patentes le llevaba alrededor de cuatro horas diarias. El resto del tiempo sacaba sus apuntes y se ponía a pensar. Seguía embelesado con la luz. De hecho, la teoría de la relatividad nació de un experimento fallido, realizado en Estados Unidos por el físico Albert Abraham Michelson y el químico (y pastor protestante) Edward Morley, para demostrar que existía en todo el Universo un material llamado éter lumínico que servía de medio de propagación para las ondas de luz. La luz desempeña un papel preponderante en la teoría de la relatividad y, curiosamente, también en otro de los artículos que Einstein escribió en ese año milagroso. Las elucubraciones del muchacho de 16 años estaban fructificando.

Unos 20 años después de que James Clerk Maxwell dedujera teóricamente de sus ecuaciones de la electrodinámica que la luz estaba compuesta de ondulaciones de campos eléctricos y magnéticos, el físico alemán Heinrich Hertz se puso a hacer experimentos para producir ondas electromagnéticas. Hertz midió la longitud y la velocidad de las ondas (usó lo que hoy llamaríamos ondas de radio, de frecuencias menores que los rayos infrarrojos) y demostró experimentalmente que tenían las mismas propiedades de reflexión y refracción que la luz y la radiación térmica. Así quedó bien sentado que éstas son, en efecto, ondas electromagnéticas.

En el curso de sus manipulaciones, Hertz descubrió por casualidad un extraño efecto: algunos metales al parecer emitían electricidad cuando incidía sobre ellos luz ultravioleta. Cuando Hertz hizo este hallazgo, J. J. Thomson todavía no descubría los electrones y el efecto quedó como una curiosidad que exigía explicación. Mientras ésta llegaba, los físicos se dieron a la tarea de explorar experimentalmente el fenómeno.

Aquí entra en nuestra historia (para salir casi inmediatamente) un personaje con el que Einstein habría de toparse más de una vez: Philipp Lenard, físico experimentador alemán, ganador del Premio Nobel de física de 1905 y que en 1900 había dicho que las partículas cargadas de electricidad que ciertos metales emitían al incidir sobre ellos luz eran ni más ni menos los electrones de J. J. Thomson. Lenard concluyó que la luz tenía el poder de arrancarles electrones a ciertos metales, de ahí el nombre de *efecto fotoeléctrico* que se dio al descubrimiento de Heinrich Hertz.

Lenard descubrió además ciertas propiedades insólitas de la corriente fotoeléctrica. Tenía un aparato que le permitía medir la energía con que los electrones salían disparados del metal. Probó acercar y alejar la fuente de luz. Al acercarla, aumentaba la intensidad de la luz que incidía sobre el metal. Sería de esperarse que en estas condiciones la luz les imprimiera más energía a los electrones y que éstos, por lo tanto, salieran del metal con mayor velocidad. Pero no era así. Al hacer más intensa la luz lo único que ocurría era que aumentaba la corriente eléctrica, equivalente al número de electrones emitidos, mas no la velocidad.

Esto le pareció muy extraño a Lenard. Para entonces, los físicos ya estaban empezando a acostumbrarse a encontrar resultados insólitos, pero acostumbrados o no, su labor era explicarlos. ¿Por qué le pareció extraño a Lenard este resultado? Pues porque la energía que transporta una onda depende de su amplitud. La amplitud de una onda de sonido determina el volumen; la de una onda de luz, la intensidad. Para más señas, compare la energía de unas onditas que mecen apaciblemente una embarcación y el *tsunami* de pesadilla de la película *Impacto profundo*. La diferencia de amplitud de estos dos fenómenos es lo único que determina la considerable diferencia de poder destructor que hay entre ambos. Si era una onda lo que les estaba arrancando electrones a esos metales, entonces tendría que comunicarles más energía al aumentar la intensidad de la luz.

Mas *no* era así. La velocidad de los fotoelectrones no cambiaba con la intensidad de la luz, pero curiosamente sí cambiaba con su frecuencia. La frecuencia es el número de ondulaciones que pasan por un mismo lugar en un segundo. La frecuencia determina el tono en una onda de sonido, y el color en una de luz. Al aumentar la frecuencia de la luz los electrones salían con más energía; al reducirla, con menos, y había una frecuencia límite por debajo de la cual el metal no emitía ni un cuerno. Desde el punto de vista de la física clásica, en la que la luz era una onda,[10] este resultado era tan absurdo como si las onditas de agua que mecen apaciblemente la embarcación de más arriba llevaran más energía que el *tsunami*.[11] Eso era lo que habían encontrado Lenard y otros experimentadores.

Einstein leyó el trabajo de Lenard y se puso a pensar... Mientras tanto les contaré cómo fue que sus caminos se volvieron a cruzar.

Tras la ignominiosa derrota de Alemania en la primera Guerra Mundial, muchos teutones se sintieron humillados. Como no había a quien culpar, algunos volcaron su ira sobre los judíos, y sobre uno en particular: el por entonces ya famosísimo Albert Einstein. Lenard se contaba entre los alemanes antisemitas del periodo de entreguerras. Se fundó una sociedad de intelectuales, llamada pomposamente *Grupo de estudio de filósofos naturales alemanes* que, si bien marginal, tenía mucho dinero para pagarle a quien quisiera escribir o hablar contra Einstein. Con su membresía, Lenard, Premio Nobel, le dio una falsa respetabilidad a la asociación, cuyo núcleo ideológico (o más bien "idiológico", tomando en cuenta lo idiota de la proposición) era que

10. Como me parece haber mencionado antes...

11. Las onditas tienen una frecuencia alta: una o dos por segundo. Los *tsunamis*, en cambio, tienen longitudes de onda de cientos de kilómetros y por lo tanto frecuencias muy bajas.

la teoría de la relatividad formaba parte de un complot judío para corromper a Alemania y al mundo.

En cierta ocasión se encontraban los simpáticos muchachos de la "compañía antirrelativista", como los llamaba el objeto de su odio, en una de sus reuniones cuando se oyó murmurar: "¡Einstein, Einstein!" Y en efecto, ahí sentado en un palco se encontraba Einstein, muerto de risa con las tonterías que estaban diciendo Lenard y sus amigos. Al final les agradeció el buen rato y se retiró. Pero pese al sentido del humor con que se tomó la experiencia, Einstein percibía que algo más siniestro que la simple estupidez se estaba apoderando de Alemania. En 1933, poco después de la llegada de Adolf Hitler al poder, Albert Einstein se fue para siempre de su país natal.[12]

Pero volvamos con Einstein, que se quedó pensando en el efecto fotoeléctrico. Considerar a la luz como una onda no permitía explicarlo; es más, conducía a resultados absurdos. Entonces Einstein se acordó de la hipótesis cuántica de Planck, que llevaba cinco años empolvándose sin que nadie le hiciera mucho caso.[13]

¿Sería posible que el enigma del efecto fotoeléctrico se pudiera explicar suponiendo que la luz era como un enjambre de partículas?

Planck no había osado ir tan lejos. En su opinión, la hipótesis cuántica —según la cual la luz intercambia energía con la materia en paquetes discontinuos— no era más que un truco matemático que le

---

12. Por el cual nunca sintió mucho apego, por cierto. A los 16 años había renunciado a la nacionalidad alemana (con trámites legales y todo) porque no soportaba la obsesión de sus compatriotas por la disciplina y el orden exagerados; a los 21 solicitó y obtuvo la nacionalidad suiza. En las escuelas suizas encontró por fin la libertad que le había hecho falta en los rígidos *Gymnasium* de su patria, y, por supuesto, en Suiza encontró su primer empleo duradero.
13. Salvo nuestro conocido J. J. Thomson, quien en 1903, dando las conferencias Silliman en la Universidad de Yale, insinuó que los cuantos de energía podrían servir para resolver algunos resultados experimentales inexplicables, por ejemplo, el misterio de los metales que emitían electricidad cuando se hacía incidir sobre ellos luz ultravioleta.

había servido para resolver el problema de la radiación térmica. Si algo tenía de realidad física, ésta se limitaba al momento en que luz y materia se encontraban: la *interacción* entre ambas se efectuaba en paquetitos, pero la luz no dejaba por ello de propagarse en el espacio como una onda continua y respetable.

Planck ya era un hombre maduro de 42 años cuando dio con la hipótesis cuántica. Además provenía de un estrato social bastante encumbrado, donde lo normal es ser conservador. Einstein, en cambio, era joven y provenía de una familia judía de clase media, quizá no muy interesada en conservar el estado de las cosas. Fue Einstein quien tuvo la osadía de dar el siguiente paso. La hipótesis cuántica, se dijo, no era sólo un ardid matemático. La luz interactuaba con la materia en forma discontinua por la simple razón de que era ella misma un fenómeno discontinuo: un flujo de partículas con energías concentradas en vez de una onda con la energía diluida en una región grande del espacio (un fenómeno *corpuscular* en vez de *ondulatorio*, como dicen los físicos).

Einstein se dio cuenta de que las cosas empezaban a cuadrar, porque si la luz estaba hecha de partículas, la intensidad luminosa ya no era función de la amplitud de una onda, sino del número de partículas de luz presentes en un rayo. Un cuanto de luz arrancaba un electrón al metal. Cada cuanto transportaba una cantidad de energía determinada por la frecuencia de la luz, como había dicho Planck. De modo que cuando Lenard hacía aumentar la frecuencia, la energía de cada partícula luminosa también aumentaba y los electrones salían despedidos del metal con más velocidad, y a la inversa, pero por debajo de cierta frecuencia las partículas de luz no tenían suficiente energía para arrancar electrones del metal. Cuando Lenard acercaba la fuente luminosa lo que ocurría era que el metal recibía más partículas de luz y por lo tanto emitía más electrones, pero no con más energía.

Tabla 2. El efecto fotoeléctrico, la teoría clásica y la teoría cuántica de la luz.

Observación	Teoría Clásica	Teoría cuántica
Abajo de cierta frecuencia no se producen fotoelectrones.	La energía de una onda de luz no depende de su frecuencia, por lo que este resultado es inexplicable.	Abajo de cierta frecuencia los cuantos de luz no tienen energía suficiente para arrancarle electrones al metal (la energía de los cuantos de luz es función de la frecuencia).
Al aumentar la frecuencia de la luz, los electrones salen con más energía.	Al aumentar la frecuencia cambia el color de la luz, más no su energía, por lo que los electrones deberían de salir con la misma energía.	Al aumentar la frecuencia aumenta la energía de los cuantos de luz y por lo tanto la energía que les comunican a los electrones.
Al aumentar la intensidad de la luz, salen más electrones, pero con la misma energía.	Al aumentar la intensidad de la luz, aumenta la energía de las ondas electromagnéticas, por lo que los electrones deberían salir con más energía.	Al aumentar la intensidad aumenta el número de cuantos de luz, mas no su energía. Cada cuanto de luz arranca un electrón al metal.

La hipótesis cuántica llevada a nuevas alturas por el joven Einstein explicaba el efecto fotoeléctrico a las mil maravillas.

L: Muy bien, entonces ahora resulta que la luz es una partícula.

A: No exactamente. Hay una sutileza en todo esto.

L: ...

A: Sí, verá: el efecto fotoeléctrico se explica muy bien suponiendo que la luz es un fenómeno corpuscular, pero ¿qué me dice usted de la interferencia de la luz?

L: ¿Aquello de que una suma de luz más luz puede dar oscuridad? Pues que no veo cómo se podría explicar con partículas.

A: Precisamente. Sin embargo, ambos fenómenos son reales. Otro detalle: los cuantos de luz de Planck son paquetitos de energía. ¿Sabe usted cómo se calcula la energía de estas partículas de luz (que por cierto se llaman *fotones* desde 1926)?

L: Ni idea.

A: Pues resulta que es proporcional a la frecuencia de la luz y se calcula así:

$$E = h \times \nu$$

La h es un número que se llama constante de Planck. La ν es la frecuencia. ¡Pero la frecuencia es una característica ondulatoria! La energía de los fotones —partículas— se calcula usando la frecuencia de una onda, y ésta se mide haciendo experimentos de interferencia con la luz.

L: Qué lío.

A: Y se pondrá peor...

La trama de la historia está llena de bifurcaciones, de momentos de decisión en que se hace una cosa o se deja de hacer, de coyunturas en las que la historia toma un curso en vez de otro, de oportunidades perdidas y de cosas que no fueron. Yo creo que por eso nos gustan tanto las especulaciones históricas basadas en la pregunta: "¿y si las cosas hubieran sido así en vez de asá?"

Un día, cuando Einstein tenía 16 años, fue de excursión a las montañas con sus condiscípulos. En una escalada difícil resbaló y si no hubiera sido porque uno de sus amigos alargó la mano y lo pescó, Einstein no hubiera vivido para ser Einstein.

A veces, al llegar a uno de esos nodos donde se decide el porvenir, la historia toma un camino bueno: Albert se salva y el mundo es por eso un poco más colorido. Otras veces lo bueno, o por lo menos interesante, se le queda en el tintero a la historia: nos perdemos de —digamos— la décima sinfonía de Beethoven...[14] o de la sonata para piano y violín del compositor que no fue Max Planck, interpretada por éste, acompañado al violín por Albert Einstein. Planck decidió en su juventud que era mejor físico que compositor, y aunque siguió tocando el piano, no se le conocen composiciones musicales. Planck y Einstein se hicieron buenos amigos (aunque Planck era 20 años mayor), pero que yo sepa nunca se sentaron a tocar juntos.

Pero casi: construir teorías científicas exige tanta intuición y creatividad como componer o escribir y hay, de hecho, muchos científicos artistas (empezando por Planck y Einstein). La hipótesis cuántica de Planck podría compararse, si no con una sinfonía, sí con una composición más ligera como una sonata. Y en ese caso explicar el efecto fotoeléctrico usando los cuantos de energía de Planck, como hizo Einstein, es parecido a acompañar a Planck al violín. Esta breve sonata para piano y violín que tocaron Planck y Einstein en los primeros años del siglo XX es el embrión de la mecánica cuántica.

14. En los años 80 el musicólogo Barry Cooper, de la Universidad de Manchester, encontró en una biblioteca de Berlín lo que le pareció un borrador de la décima de Beethoven, que el compositor no vivió para terminar, y la completó usando algoritmos beethovenianos, pero aquí me refiero a la décima como la hubiera compuesto el propio Beethoven, no un Beethoven sustituto.

Entre 1905 y 1930, más o menos, la sonata se fue transformando en una composición colectiva de dimensiones sinfónicas. Pero la mecánica cuántica disfrazada de música no sería una sinfonía decimonónica, de estructura clásica, armonías dulces y desarrollo fluido. Ese traje le queda mejor a la física clásica. La mecánica cuántica sería en cambio una obra musical de contrastes abruptos y disonancias, llena de ángulos y accidentes, como la música que estaban creando los compositores por la misma época.[15]

Einstein no se limitó a decir que la luz cuantizada explicaba el efecto fotoeléctrico, por supuesto. Los científicos no publican simples especulaciones sin sustancia en revistas importantes. Para poder llamarse científicas, las hipótesis deben presentarse en una forma tal que se puedan desmentir si son erróneas. Este requisito de "falsabilidad" lo formuló el filósofo de la ciencia Karl Popper. En el caso de la teoría del efecto fotoeléctrico, Einstein obtuvo una sencilla ecuación para la energía de los electrones emitidos (aunque insistió hasta su muerte en que no era una teoría, porque no explicaba completamente los fenómenos ópticos). La partícula de luz le comunica al electrón la energía $h \times \nu$, pero el electrón no anda nada más flotando por ahí en el metal. Está atrapado en el yugo de las fuerzas eléctricas de los átomos, de modo que para extraerlo se requiere cierta cantidad de energía, digamos W, que se descuenta de la energía que le imprime el cuanto de luz. O sea que la energía con la que sale el electrón del metal será:

$$E = h \times \nu - W$$

Ésta es la parte desmentible de la teoría de Einstein: una ecuación que puede probarse con experimentos. Si es falsa, lo sabremos de inmediato.

15. Y si la mecánica cuántica fuera una pintura, sería cubista... y basta de comparaciones estrambóticas.

Cuando, en 1916, el físico estadounidense Robert Millikan llevó a cabo experimentos para tratar de echarla por tierra (era un conservador empedernido y no le gustaba nada la teoría cuántica), encontró que la ecuación de Einstein se cumplía en todos los casos (y de paso obtuvo un valor experimental de la constante de Planck que coincidía perfectamente con los valores obtenidos por otros métodos). Sin embargo, en el artículo en que describió sus experimentos se las arregló para seguir rechazando la "ecuación fotoeléctrica" de Einstein. Millikan escribió que pese a que la ecuación fotoeléctrica predijo correctamente los resultados observados en todos los casos, la "teoría semicorpuscular" que Einstein había empleado para obtener su ecuación le parecía "completamente insostenible". Al año siguiente, llamó "osada" e incluso "temeraria" a la hipótesis de los corpúsculos de luz. En su libro *El electrón*, que publicó en 1917, Millikan se sorprende de que la ecuación de Einstein "pudiera predecir con exactitud todos los hechos que se han observado experimentalmente".

Millikan no era el único escéptico, dicho sea en su descargo. Amigos y enemigos de Einstein por igual seguían sin convencerse. El mismo Einstein se sintió obligado, en 1911, a señalar, casi como si pidiera perdón, "el carácter provisional de este concepto de los cuantos de luz" (aunque su biógrafo Abraham Pais descubrió en sus cartas y documen-tos que no había evidencia de que en ningún momento se retractara de nada de lo que dijo en 1905). ¿Qué necesitaban los físicos para convencerse? ¿No les bastaba el veredicto de la naturaleza?

Muchos años después, con la existencia del fotón ya bien fundamentada, Millikan se justificó (y de paso también a la comunidad científica) diciendo que los cuantos de luz de Einstein "parecían violar todo lo que se sabía acerca de la interferencia de la luz". Tenía razón. Como ha dicho Carl Sagan, las afirmaciones extraordinarias exigen pruebas extraordinarias. No se trataba de desechar la teoría ondulatoria de la luz, que había dado excelente servicio por espacio de más de un siglo, a la primera indicación de que podía haber fenómenos que estuvieran fuera de su alcance.

Con todo, en 1916 ya había muchas indicaciones, no sólo una, de que la teoría ondulatoria no siempre operaba, y la teoría cuántica había ganado muchas batallas. La más impresionante es, quizá, el primer modelo cuántico del átomo, con el que el físico danés Niels Bohr logró explicar por fin los espectros, en 1913. Ésa es la historia del siguiente capítulo.

La morsa y el sabueso

*A finales del siglo XIX, los rayos0 X causaron sensación. Todo el
mundo quería verse los huesos; algunos se veían
mejor en esqueleto que en carne.*

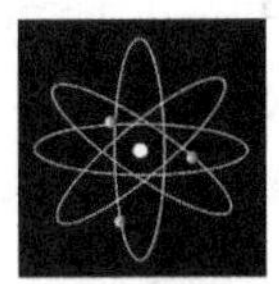

Imagínese un sótano oscuro, húmedo y lleno de tuberías. Quizá una gotea, de modo que de algún rincón se oye venir un continuo *plic plic*. ¿Hay arañas? Posiblemente. ¿Ratas? Tal vez. Lo cual no le impide al joven Ernest Marsden, estudiante de física de 19 años, pasarse horas ahí metido, con un ojo clavado en el ocular de un microscopio conectado a un curioso dispositivo experimental, que se parece más a una cafetera que a los modernos aceleradores de partículas que se usan hoy en día para hurgarles las tripas a las partículas subatómicas. Es un sótano en cierta forma parecido al cuartito del laboratorio de física moderna de la Facultad de Ciencias donde mis amigos y yo atisbábamos espectros atómicos y nos reíamos de la vida. Pero el sótano al que me refiero se encontraba en la Universidad de Manchester, Inglaterra, en 1911, y a diferencia de mi laboratorio, donde nunca se descubrió nada importante, allí se descubrió la estructura del átomo.

A pesar del descubrimiento de los electrones y la explicación del espectro de la radiación térmica y del efecto fotoeléctrico en términos de cuantos de luz, la estructura de los átomos y los espectros de líneas seguían siendo un misterio. Un problema se relacionaba con el otro porque los espectros los emitían los átomos, y la explicación de uno sería la del otro.

Que nadie supiera de dónde venían los espectros no había impedido que los científicos los usaran para analizar sustancias, determinar desde lejos la composición química de las estrellas e investigar la naturaleza de las nubecitas de luz, conocidas como nebulosas, que salpican la bóveda celeste.

Para 1885 el espectro del hidrógeno, el elemento más sencillo, ya estaba bien estudiado. Los espectroscopistas observaron que las líneas espectrales se acomodaban en grupos llamados series, cada una de las cuales ocupaba una región particular de la gama electromagnética. En la figura 10 vemos las líneas de la serie llamada de Balmer.

A Jakob Balmer, un maestro suizo, le intrigaba la regularidad de las líneas espectrales. Como muchas otras personas, Balmer pensaba que esa regularidad tenía que ser reflejo de la estructura de los átomos, pero nadie sabía aún ni siquiera que existían los electrones.

Balmer era aficionado a la numerología. Le gustaba resolver problemas de esos que hoy se ven en los exámenes de admisión de las escuelas y que dicen: "¿Qué número sigue en esta serie: 1, 1, 2, 3, 5, 8, 13, ...?" De

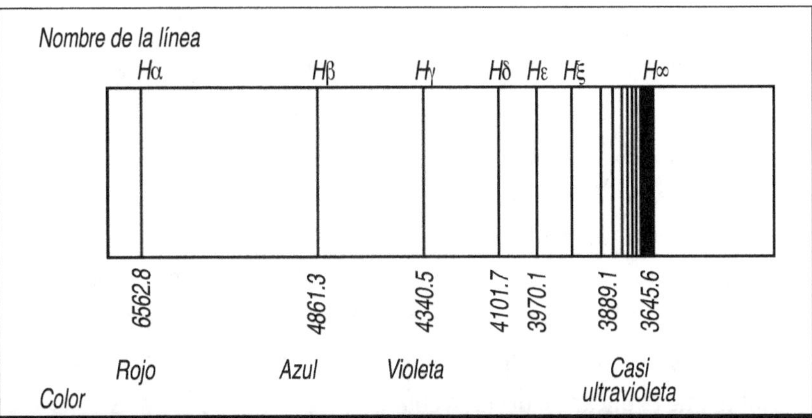

Figura 10. Las líneas de la serie de Balmer del espectro del hidrógeno están en la región visible del espectro electromagnético.

lo que se trata en esta clase de problemas es de encontrar el patrón matemático oculto. El espectro del átomo de hidrógeno era una especie de acertijo de examen de admisión, pero más difícil.

Pese a la dificultad, Jakob Balmer consiguió dar con una fórmula para la longitud de onda, denotada por la letra griega λ (lambda), de las líneas de la parte visible del espectro del hidrógeno. Encontró que:

$$\lambda = 3{,}646[n^2/(n^2 - 4)]$$

Si uno tomaba $n = 3$ obtenía la longitud de onda de la primera línea de la serie de Balmer; con $n = 4$ obtenía la de la segunda, y así sucesivamente. ¿Qué quería decir? Quién sabe, pero la fórmula daba las longitudes de onda de las cuatro líneas visibles del espectro del hidrógeno que se conocían en la época. Cuando al poco tiempo se descubrieron otras líneas en la misma región de frecuencias, resultó que también se ajustaban a la fórmula de Balmer con una precisión de una parte en 1,000, señal de que ahí había gato encerrado.

En los años siguientes los espectroscopistas se dedicaron a buscar nuevas fórmulas empíricas que dieran las características de las líneas espectrales de otras series, tanto del hidrógeno como de otros elementos. Y no sólo las buscaron, también las encontraron. El átomo guardaba grandes secretos.

Pero la fórmula de Balmer y las otras de su especie eran como la expresión de Planck para el espectro de la radiación térmica: ecuaciones empíricas (también llamadas fenomenológicas, porque describen el fenómeno sin explicarlo), sin otro sustento que su validez experimental. Había que explicar de dónde venían.

En 1895 llegó al laboratorio Cavendish un rústico becario neozelandés llamado Ernest Rutherford. Era un muchacho alto y fornido, de voz atronadora, personalidad exuberante, pocos pelos en la lengua y muchos entre la nariz y la boca: tenía unos mostachos que le daban un aspecto de morsa. Era, además y pese a provenir de una de las colonias británicas más remotas, un físico experimental de primera categoría que no tardaría en hacer olas en el mundo científico.

En Nueva Zelanda Rutherford había hecho algunos experimentos de transmisión y recepción de ondas electromagnéticas. Ya en el Cavendish, tomó la metafórica espada desenvainada que hacía falta para armarse de material en ese laboratorio y se puso a juntar equipo para continuar sus experimentos. Al poco tiempo, como le escribió a su novia, Mary, lo invitaron a hablar ante la "Sociedad de Consentidos de J. J.".

"J. J." era Thomson, por entonces director del laboratorio, con quien Rutherford se llevó bien desde el primer momento. El joven neozelandés era el discípulo de presumir, el que hacía investigaciones originales y de rabiosa actualidad que servían además para impresionar a los colegas.

El físico y novelista C. P. Snow dice que Rutherford se habría hecho rico si hubiera proseguido con sus investigaciones inalámbricas. Pero no era dinero lo que quería Rutherford, aunque siempre había tenido muy poco, sino hacer física, y de ser posible participar en la oleada de descubrimientos interesantes que se estaba produciendo en Europa en el último decenio del siglo XIX.

En 1895 Wilhelm Röntgen había anunciado su descubrimiento de una especie de radiación muy penetrante que se producía al chocar los rayos catódicos con un blanco de metal. Como no sabía qué podía ser esa radiación, llamó a su descubrimiento rayos X. Röntgen había conseguido determinar, por medio de experimentos, que los rayos X se desplazan en línea recta y que no tienen carga eléctrica, y fue el primero en usarlos para fotografiarse los huesos.

Al año siguiente, J. J. invitó a Rutherford a participar en un estudio de los efectos de los rayos X al pasar por un gas (parecido a los experimentos con rayos catódicos) y fue entonces cuando el joven dejó de lado su aparato inalámbrico y se entregó a la investigación de física fundamental.

Los rayos X causaron sensación. Todo el mundo quería verse los huesos (algunos sin duda se veían mejor en esqueleto que en carne) y tomar fotografías de objetos metidos en cajas. Rutherford y J. J. querían ser los primeros en descubrir "la teoría del asunto", como escribió Ernest a Mary. Pero las probabilidades de ser los primeros eran bajas, porque había muchos físicos estudiando los rayos X. De hecho, uno de ellos dio, casi por accidente, con otra cosa. Henri Becquerel era un físico de alcurnia. Su abuelo y su padre habían sido físicos y ambos habían hecho estudios acerca de la fosforescencia. Henri no iba a ser menos, y como en esas familias en que la profesión se hereda igual que la calvicie o la nariz de gancho, se dedicó varios años a estudiar las moléculas fosforescentes.

Al poco tiempo de que Röntgen anunciara que había descubierto un nuevo tipo de radiación, Becquerel se convenció de que las sustancias fosforescentes debían emitir rayos X cuando les daba la luz del Sol y se puso a hacer experimentos. Probó con varias sustancias sin encontrar ni rastro de rayos X. Entonces echó mano de unas sales de uranio. Envolvió una placa fotográfica en un grueso sobre de cartón negro, le puso un cristal de uranio encima y colocó todo al Sol. La placa fotográfica se veló y Becquerel concluyó que su hipótesis era correcta: la luz del Sol estimulaba la fosforescencia. Lo que no se le ocurrió fue verificar si la placa fotográfica se velaba también sin poner los cristales de uranio al Sol, pero de ese detalle se encargó la suerte.

Becquerel guardó unas placas fotográficas envueltas en papel negro en un cajón junto con una muestra de sales de uranio para usarlos otro día en que el cielo no estuviera nublado. Al llegar ese otro día, sacó todo del cajón y descubrió, con bastante asombro, que las placas fotográficas se habían velado a pesar de que las sales de uranio no habían estado expuestas al Sol. Había que concluir que la sustancia emitía espontáneamente algún tipo de radiación penetrante

Figura 11. Placa fotográfica velada por efecto de la radiación de los átomos de uranio. Los comentarios son de Becquerel.

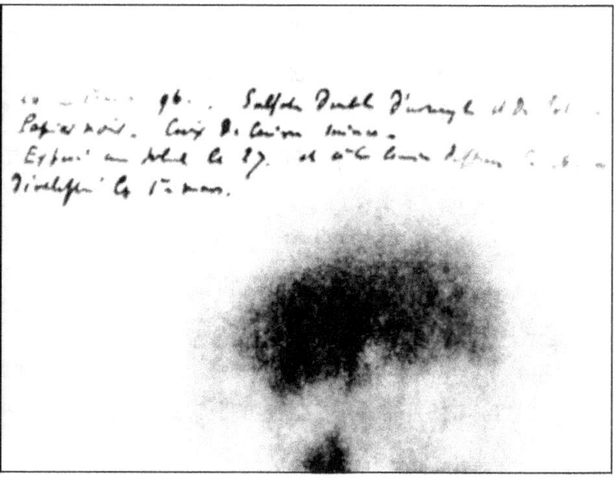

que no tenía nada que ver con la fosforescencia. Otros experimentos, encaminados ya a descifrar el nuevo misterio en vez de investigar las propiedades de los rayos X, revelaron que la extraña radiación provenía de los átomos de uranio de las sales.

Pero todos estaban tan enfrascados en sus investigaciones de los rayos X que el descubrimiento de Becquerel no produjo una sensación inmediata. Entre los pocos físicos que se interesaron estaban Marie y Pierre Curie, quienes descubrieron otros elementos radiactivos.

Rutherford, que había estado haciendo experimentos con gases y rayos X, también se interesó en este nuevo tipo de radiación que emitían algunos átomos pesados. Los estudios de Rutherford sobre la radiactividad fueron precursores de la física nuclear, tema digno de otro libro. En nuestro camino inexorable hacia la mecánica cuántica recogeremos sólo uno de sus resultados, que ilustra muy bien la manera de trabajar de Rutherford, célebre por la sencillez y eficacia de sus experimentos (y por lo desgarbado de sus montajes experimentales; el aparato que es-taba usando Ernest Marsden al principio de este capítulo era un buen ejemplo).

Rutherford tomó una muestra de uranio y fuc tapándola con placas de aluminio. A cada paso medía la intensidad de la radiación. Con las primeras cuatro placas de aluminio la intensidad se reducía aproximadamente en la misma cantidad. Pero a partir de cinco placas ya casi no se modificaba. "Estos experimentos muestran", escribió Rutherford,

> que la radiación del uranio es compleja, y que consiste al menos en dos tipos de radiación: una que se absorbe con facilidad, a la cual llamaremos por comodidad radiación alfa; y otra más penetrante, que llamaremos radiación beta.

En 1907 Rutherford se fue a trabajar como director del departamento de física de la Universidad de Manchester, Inglaterra, luego de haber pasado nueve años como titular de la cátedra de física en la Universidad McGill, de Montreal, Canadá, donde llevó a cabo un intenso trabajo acerca de la radiactividad, que más tarde le valdría el Premio Nobel... ¡de química!

Rutherford ya había averiguado varias cosas acerca de las partículas alfa: son más pequeñas que los átomos, pero más pesadas que un átomo de hidrógeno, tienen carga eléctrica y algunos elementos radiactivos las emiten a velocidades escalofriantes (cerca de 20,000 km/s). En Manchester, con ayuda de su estudiante Thomas D. Royds y de su asistente Hans Geiger, quien inventó un ingenioso detector de partículas alfa, Rutherford demostró en 1908 que éstas eran en realidad átomos de helio a los que les faltaban dos electrones (o sea, átomos de helio ionizados).

En Montreal el físico neozelandés había ideado un experimento que consistía en bombardear muestras de diversos materiales con partículas alfa para ver si éstas se desviaban al pasar entre los átomos del material. Observó que, al hacerlas pasar por una muestra de mica, las partículas producían una imagen difusa en una pantalla puesta detrás de la muestra, lo cual quería decir que se desviaban un poco.

Ya en Manchester Rutherford siguió sus experimentos con ayuda de Geiger y del estudiante Ernest Marsden. El hecho escueto de que las partículas alfa se desviaran ligeramente al pasar entre los átomos de un material se explicaba muy bien, al menos en sus características generales, usando el modelo atómico del panqué de pasas que había propuesto J. J. Thomson. Las alfa eran proyectiles relativamente pequeños comparados con la mayoría de los átomos. Al internarse en el material a velocidades estratosféricas iban atropellando electrones, que en el modelo de Thomson estaban distribuidos homogéneamente por todo el átomo, como las pasas del panqué. La carga negativa de los electrones afectaba la trayectoria de la partícula alfa, de carga positiva. Pero los electrones eran muy ligeros comparados con las alfa.

Era como si una bala atravesara una espesa nube de moscas. Cada choque con un electrón produciría una desviación muy pequeña, de modo que al final de su recorrido interatómico, la partícula alfa emergería relativamente intacta.

Un cálculo más detallado, empero, le mostró a Rutherford que para desviar una partícula alfa que viaja a 20,000 km/s hacía falta un campo eléctrico de una intensidad pavorosa, que no podía existir en el interior de un panqué de pasas, por más pasas que tuviera. Una vaga idea empezó a tomar forma en su mente.

Entonces se le ocurrió modificar su aparato experimental, consistente en una fuente radiactiva, un tubo para dirigir las partículas alfa, una pantalla fluorescente y un microscopio para ver los destellos producidos por cada proyectil. Hasta entonces el aparato había servido para contar partículas alfa que hubieran atravesado el blanco material; con el nuevo montaje Rutherford pretendía ver si por casualidad habría proyectiles que *rebotaran*, saliendo por el mismo lado por el que habían entrado. Si el átomo era un panqué de pasas la probabilidad de que sucediera semejante cosa era muy pequeña, pero si el átomo era algo distinto...

Geiger y Marsden, y ocasionalmente Rutherford, se fueron pues al sótano del laboratorio y se pusieron a contar destellos en la pantalla fluorescente. El blanco material era una hoja de oro muy delgada. La gran mayoría de las partículas alfa la atravesaban sin dificultad, desviándose menos de 45 grados, pero, para sorpresa de los investigadores, unas cuantas rebotaron. "Es lo más asombroso que me ha ocurrido en la vida", dijo después Rutherford. "Fue como disparar una granada de 15 pulgadas contra un papel cebolla y verla rebotar". Rutherford hizo un análisis probabilístico de los resultados y concluyó que para producir semejantes desviaciones, toda la carga positiva del átomo, así como la mayor parte de su masa, tenían que estar concentradas en una región central muy pequeña. Dalton y sus seguidores se habían imaginado al átomo como una esferita diminuta, el objeto más pequeño posible. Rutherford, Geiger y Marsden habían descubierto un objeto 10,000 veces más pequeño que el átomo, al cual se llamó *núcleo*. En el núcleo estaba todo el peso del átomo, menos el de los ligerísimos electrones, que debían andar volando alrededor del núcleo de alguna manera, suficientemente alejados de éste para dar volumen a todo el sistema. El átomo era esencialmente espacio vacío.

Unos años antes, el físico japonés Hantaro Nagaoka había propuesto su modelo atómico, que consistía en un núcleo central con los electrones girando a su alrededor en un anillo como el de Saturno. Ernest Rutherford, con pruebas experimentales de que el núcleo existía, propuso una cosa similar: el modelo planetario. En este modelo los electrones giran alrededor del núcleo como los planetas alrededor del Sol.

L: ¡Qué bonito!

A: ¿Verdad que sí? Qué maravilla descubrir que la naturaleza repite los mismos patrones a distintas escalas. La idea del átomo como Sistema Solar en miniatura se presta, además, para muchas especulaciones divertidísimas. Lástima que el átomo planetario sea un poco como los electrones azules.

L: ¿Por qué?

A: Porque es una idea muy bonita, pero hasta Rutherford sabía que no podía ser estrictamente verdad: las leyes de la electrodinámica de Maxwell, que tantos éxitos habían tenido y en las cuales los físicos confiaban mucho, decían que cualquier partícula cargada sometida a una aceleración tenía por fuerza que emitir radiación electromagnética.

L: Bueno, ¿y?

A: Hay una ley en física que dice, en esencia, que en esta vida nada sale gratis: la ley de conservación de la energía. La energía, igual que el dinero, no sale de la nada. En el modelo planetario, los electrones giran alrededor del núcleo a una distancia que depende de su energía: a mayor energía, más lejos estará el electrón del núcleo.

L: Y si emite radiación electromagnética pierde energía, supongo.

A: Así es. Y por lo tanto tendría que acercarse cada vez más al núcleo, y terminaría por caer en él: el modelo atómico de Rutherford no puede ser estable.

L: Entonces el de Nagaoka tampoco.

A: En efecto. Por eso nadie le había hecho mucho caso a Nagaoka cuando propuso su modelo, en 1904. Pero Rutherford tenía resultados experimentales que demostraban la existencia del núcleo. El núcleo tenía carga positiva. La carga negativa necesaria para que el átomo fuera eléctricamente neutro —es decir, los electrones— tenía que estar en otra parte.

L: Alrededor del núcleo...

A: Sí, pero además los electrones no podían estar inmóviles porque la fuerza electrostática del núcleo los jala hacia adentro.

L: A ver si entendí bien: los electrones no pueden estar inmóviles porque caen al núcleo y tampoco pueden estar en movimiento porque acabarían por caer al núcleo.

A: Ajá.

L: ¿Entonces?

Entonces llegó a Manchester, procedente de Dinamarca, el joven Niels Bohr. A su llegada, en 1912, tenía 27 años y acababa de obtener el grado de doctor con una tesis sobre el comportamiento de los electrones en los metales, en la que señalaba lo inadecuada que resultaba la física clásica para estudiar los fenómenos atómicos.

A Niels Bohr le gustaban la vida al aire libre y los deportes además de las actividades intelectuales. En la familia se valoraban todas estas cosas a la vez. Su hermano menor, Harald, jugaba fútbol en el equipo que representó a Dinamarca en las Olimpiadas de Londres, en 1908, donde los daneses ganaron la medalla de plata. Harald después se dedicó a las matemáticas. Niels también jugaba fútbol, y se cuenta que en cierta ocasión, durante un partido contra un equipo alemán, estaba tan ocupado trazando ecuaciones en los postes de la portería que casi le meten un gol por descuidado.

Antes de ir a Manchester Bohr había pasado por el laboratorio Cavendish, pero J. J. Thomson no se había interesado en él como unos años antes en Rutherford. Bohr era mucho más discreto que el neozelandés, y sus mofletes caídos y cejas espesas le daban un aspecto perruno, entre *bulldog* y San Bernardo. Para colmo, no hablaba muy bien ni en su nativo danés, mucho menos en inglés. Confundía palabras y traducía literalmente de un idioma a otro, lo que dificultaba la comunicación. Al darse cuenta del problema, Bohr se compró un diccionario y se puso a leer las obras completas de Charles Dickens (lo cual no es mala idea).

En un banquete del Cavendish, Niels Bohr conoció al exuberante Ernest Rutherford y al poco tiempo se fue a trabajar con él a Manchester. Aunque era un buen físico experimental y le gustaba meter las manos, Bohr se interesó más por los problemas *teóricos* que planteaba el átomo nucleado de Rutherford, con sus electrones girando como planetas alrededor del Sol. Bohr, como todo el mundo, sabía que eso simplemente no podía ser. Los electrones, como toda partícula cargada que se respetara, tenían que emitir radiación electromagnética cuando se aceleraban.

Bohr se decía que, de alguna manera extraña, los electrones en el interior del átomo debían estar exentos de las leyes de la electrodinámica usual y podían permitirse girar alrededor del núcleo sin emitir luz. Se imaginó además que quizá podía aplicar la hipótesis cuántica de Planck y Einstein al caso de los electrones en el átomo.

Pero le faltaba información para transformar sus ideas en algo más que simples especulaciones. No fue hasta 1913, ya de vuelta en Copenhague y tras meses de soñar continuamente con el problema de la estructura del átomo, cuando Bohr por fin fue a dar con esa información. Un día, le platicó a otro físico sus penurias con el átomo. Resultó que el otro era espectroscopista y le recomendó que consultara los gruesos compendios de datos espectroscópicos, que habían engordado muchísimo desde fines del siglo XIX. Ahí Bohr descubrió la famosa fórmula de Balmer, que inexplicablemente daba las frecuencias de las líneas visibles del espectro del hidrógeno. He aquí, se dijo Bohr, la clave para construir un modelo cuántico del átomo.

Planck había creado un híbrido de los conceptos de onda y de partícula con sus cuantos de luz, que se comportaban como partículas pero tenían energías que dependían de una frecuencia, atributo característico de las ondas. La llave mágica que permitía convertir frecuencias en energías era el número h, conocido como constante de Planck. Bohr pensó que quizá las frecuencias escalonadas de las líneas espectrales podían combinarse con la constante de Planck y con el átomo planetario de Rutherford para construir un modelo cuántico del átomo.

Estudiando los compendios de datos espectroscópicos, Bohr se dio cuenta de que la fórmula de Balmer era un mensaje en clave. Balmer la había obtenido por ensayo y error, ajustando sus elementos para que dieran los valores de las frecuencias de las líneas espectrales visibles del hidrógeno. La fórmula lleva colgando un número antes del paréntesis. Es un número que Balmer se sacó de la manga, por así decirlo: un número que puso porque daba resultado. Bohr descubrió que podía obtener ese número combinando la carga y la masa del electrón con la constante de Planck. La fórmula de Balmer se convertía así en una expresión cuántica. El secreto había permanecido oculto casi 30 años. Niels Bohr leyó en la misteriosa fórmula la receta para convertir el modelo planetario de Rutherford en un átomo cuántico (o por lo menos semicuántico, como veremos).

Bohr se concentró en el átomo de hidrógeno por ser el más sencillo e hizo dos suposiciones. La primera: el electrón en el átomo goza del privilegio de no tener que emitir radiación electromagnética aunque esté girando. Pero todo privilegio va acompañado de una responsabilidad (nobleza obliga), y a cambio el electrón sólo puede ocupar un conjunto discontinuo de órbitas, llamadas *estados estacionarios*.

El modelo tiene que explicar los espectros de líneas, de modo que el átomo debe poder emitir y absorber luz. Esto sucede cuando el electrón

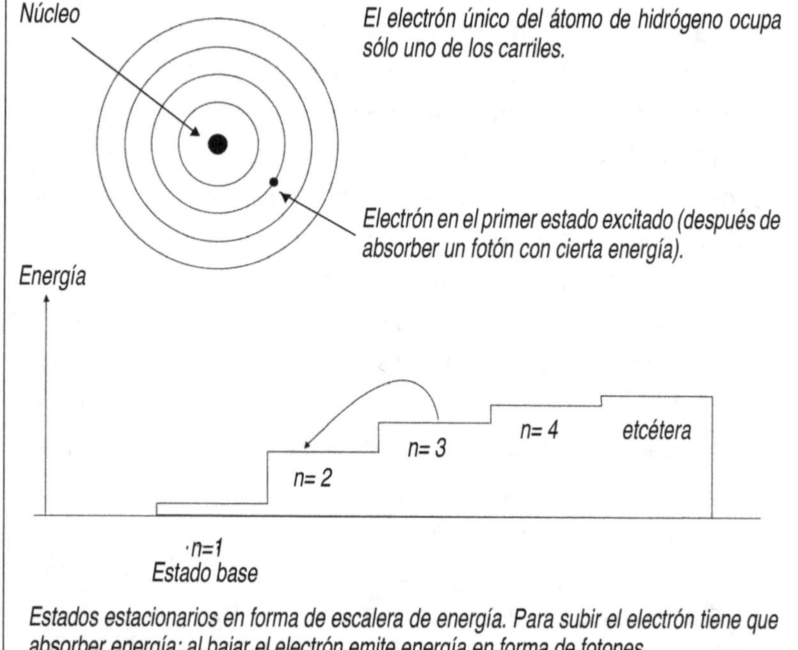

Estados estacionarios en forma de escalera de energía. Para subir el electrón tiene que absorber energía; al bajar el electrón emite energía en forma de fotones.

Figura 12. Estados estacionarios del átomo de hidrógeno.

salta entre estados estacionarios. Si salta a uno de menos energía emite un cuanto de luz. La energía de ese cuanto es igual al cambio de energía del electrón al pasar de un estado al otro, es decir, a la diferencia de energía entre los dos estados estacionarios. Para saltar a una órbita de más energía el electrón tiene que absorber un cuanto de luz de energía igual a la que le falta para subir a esa órbita. Los cuantos de radiación son como la moneda que usan los electrones para cambiarse de carril.

La segunda suposición de Bohr relaciona la energía de los cuantos de luz que emiten y absorben los electrones con frecuencias o colores, que es lo mismo. Para eso usa la ecuación de Planck, $E = h \times \nu$. Un salto relativamente pequeño implica un cuanto de luz de poca energía, correspondiente a la región infrarroja del espectro electromagnético, por ejemplo. Uno más grande implica un cuanto más energético —de la región visible del espectro, digamos—. Mientras más energía, más azul el cuanto. Más allá de la región visible, cuando el electrón efectúa saltos entre estados estacionarios muy separados, el átomo emite o absorbe cuantos de luz ultravioleta y de rayos X.

Hasta aquí todo va muy bien, pero falta algo que permita determinar el tamaño de las órbitas, el cual está relacionado con la energía, de modo que una vez que lo podamos calcular tendremos al mismo tiempo la energía del estado estacionario correspondiente, y de esta manera podremos calcular el tamaño de los saltos cuánticos del electrón. Si enton-ces vemos que los resultados teóricos coinciden con los datos experimentales de los espectroscopistas, sabremos que Bohr iba por buen camino.

En la física se usan muchos números que además de valor numérico tienen *unidades*. La unidad de distancia, por ejemplo, es el metro, la de tiempo el segundo y la de energía el joule. Para cuadrar bien en la ecuación $E = h \times \nu$ la constante de Planck, h, debe tener unidades de energía multiplicada por tiempo, que son las mismas unidades de una cantidad física que se conoce como *momento angular*. Vista de esta manera, la constante de Planck puede interpretarse como una cantidad mínima indivisible (cuanto) de momento angular. Para cuantizar las órbitas atómicas, Bohr postuló que el electrón en el átomo sólo podía estar en órbitas cuyo momento angular fuera igual a h, $2h$, $3h$, $4h$, y así sucesivamente. Con esta condición en mano, Bohr se puso a calcular los tamaños y la energía de las órbitas, y —¡oh, sorpresa!— los saltos cuánticos de su átomo teórico reproducían las energías de las líneas espectrales del hidrógeno.

Aunque años más tarde, Einstein diría de la explicación de Bohr de los espectros atómicos que fue "la forma más elevada de musicalidad en la esfera del pensamiento", el modelo atómico que le sirve de base es una especie de monstruo de Frankenstein, construido pegando partes de cadáveres distintos.[16] Por un lado supone que los electrones están girando alrededor del núcleo como los planetas alrededor del Sol, y da por sentado que el tratamiento clásico del problema de órbitas alrededor de un centro de atracción, resuelto por Isaac Newton desde el siglo XVII, es válido en el átomo. Por el otro, añade la hipótesis de órbitas escalonadas, o estados estacionarios, hipótesis puramente cuántica que Bohr propone con cautela, advirtiendo que está introduciendo "una cantidad ajena a las leyes de la electrodinámica clásica, es decir, la constante de Planck" para determinar la energía correspondiente a cada órbita. Esta especie de bestia mitológica con cabeza clásica y cuerpo cuántico fue característica del periodo de la física que hoy llamamos "teoría cuántica primitiva" y que duró de 1913 a 1924, más o menos.

Pese a lo bien que explicaba los resultados experimentales de los espectroscopistas, que hasta entonces habían sido un misterio, el

---

16. O como el Gran Congón, bestia imaginaria inventada por el cómico y director de cine Woody Allen, que tiene (la bestia, no Woody Allen) cabeza de león y cuerpo de león, pero de otro león.

modelo atómico de Bohr no fue aceptado de inmediato, y esto puede deberse a varias razones. La más evidente es el inicio de la primera Guerra Mundial, en 1914, que interrumpió la vida cultural de Europa. Pero también a que entraba en conflicto directo con la venerable electrodinámica de Maxwell, como los cuantos de Planck y Einstein durante la década anterior. El mismo Bohr reconocía que aquel pegote clásico-cuántico no podía ser toda la verdad. Ni siquiera se atrevió a llamar a los cuantos de luz de Einstein por su nombre, prefiriendo hacer vagas alusiones a la "radiación homogénea" en su primer artículo de 1913. Hasta 1924 Niels Bohr estuvo tratando de reconciliar los procesos atómicos con la teoría clásica de la luz.

Entre tanto terminó la guerra y los físicos pudieron volver a sus asuntos.[17] Arnold Sommerfeld, quien fue maestro de muchos de los físicos que participaron en el desarrollo de la teoría cuántica, amplió el modelo de Bohr para que incluyera la posibilidad de que las órbitas de los electrones alrededor del núcleo fueran elipses, caso más general del problema y que se aplica a los planetas. Con ello (y con la posibilidad de que el núcleo se bamboleara un poco al moverse el electrón a su alrededor) Sommerfeld consiguió explicar ciertos detalles finos de la estructura del espectro del hidrógeno.

La teoría cuántica primitiva fue como un puente que condujo a los físicos del mundo clásico al extraño mundo cuántico de una manera dolorosa, sí, pero también gradual. Con todo, para principios de los años veinte a la vieja teoría cuántica ya se le notaban los achaques. Había, en particular, un aspecto de las líneas espectrales que no podía explicar: la intensidad. Algunas líneas eran más brillantes que otras. ¿Por qué? La teoría cuántica primitiva no lo decía. Se limitaba a dar —con mucha precisión, eso sí— las frecuencias de las líneas.

17. Los que quedaban: muchos jóvenes físicos murieron en combate.

La intensidad seguía siendo un misterio, y también el hecho de que, como escribió Sommerfeld, "persistan tantos aspectos de la teoría ondulatoria de la luz, incluso en procesos espectroscópicos de carácter netamente cuántico". La física moderna, concluía Sommerfeld en 1922, "está sembrada de contradicciones irreconciliables".

Usos y costumbres de los electrones

Es un día normal dentro del tubo de vacío. Pero el vacío no es tan vacío: quedan muchos átomos en el interior del tubo, el cual tampoco es un tubo, sino una especie de bola de vidrio con una entrada por donde se pueden inyectar electrones rápidos. La bola se encuentra entre dos bobinas de Helmholtz que producen un campo magnético homogéneo. Afuera unos seres extraños observan con atención lo que va a suceder, pero eso no preocupa a los habitantes de la bola.

En eso entran en el tubo unos electrones a toda velocidad. Antes de penetrar se mueven en línea recta, pero no tardan en sentir el efecto del campo magnético de las bobinas de Helmholtz. Las leyes de la electrodinámica —una especie de manual de buenas maneras para electrones— dicen que el electrón educado debe torcer su trayectoria en deferencia ante un campo magnético, y como nuestros electrones son muy finos, empiezan a moverse en una trayectoria curva. El manual también dice que las partículas cargadas aceleradas deben emitir radiación electromagnética y nuestros electrones obedecen.

Pero esa radiación electromagnética no es la luz que vimos en el laboratorio aquel día y que hizo exclamar a la buenita que los electrones eran azules. A su paso los raudos electrones se van topando con los átomos que quedan en el tubo de vacío, y aquí sí que no muestran buena educación. En vez de pedir el paso, arremeten contra los pobres átomos que se ponen en su camino y les comunican parte de su energía, que los átomos reparten entre sus electrones. Los electrones del club atómico se rigen por un manual de buen comportamiento muy distinto al clásico: el del átomo cuántico. Éste no es exactamente el de Bohr, que era una ensalada clásica-cuántica, pero se parece en sus aspectos generales. En el átomo cuántico, los electrones sólo pueden ocupar ciertos estados de energía, los estados estacionarios, que no son continuos como los sonidos que emite un violín, sino discontinuos como los de un piano.

Con la energía del empujón los electrones externos de los átomos saltan a niveles de energía superiores y al poco tiempo bajan en cascada —unos antes, otros después, desordenadamente— liberando la energía absorbida en forma de fotones de distintos colores, según el tamaño del salto de cada electrón. Las separaciones entre niveles de energía dependen a su vez del tipo de átomo del que se trate. Por eso cada elemento tiene su propio espectro.

Los electrones invasores dan la vuelta atropellando átomos y mandando a los electrones atómicos a los pisos superiores. Unos suben más, otros menos, pero todos terminan por bajar a la planta baja atómica, es decir, al nivel de energía más bajo posible, conocido como *estado base* o *fundamental*. La combinación de fotones de distintos colores produce, en el caso particular de nuestra bola de vacío, un bonito halo que traza con su estela luminosa la curva por la que van pasando los electrones.

Uno de los seres que observan esta calamidad exclama: "¡Los electrones son azules!"

5

Las esquinas del gran velo

Einstein le escribió a Langevin para decirle que su discípulo había "levantado una de las esquinas del gran velo".

Encaramado a 300 metros de altura en la punta de la torre Eiffel, que hasta 1930 fue el edificio más alto del mundo, Louis de Broglie, un joven físico francés que además era príncipe, pasaba los negros días de la primera Guerra Mundial enviando y recibiendo mensajes militares por radio y telégrafo. En sus ratos libres, como Einstein en su oficina de patentes, pensaba en física.

Louis tenía 22 años al comenzar la guerra, en 1914, pero ya se había recibido de historiador. Su hermano Maurice, 17 años mayor que él, era físico y tenía un laboratorio muy bien equipado en la mansión de la familia, en París. Maurice había perfeccionado algunos métodos para estudiar los rayos X y había hecho estudios del efecto fotoeléctrico con este tipo de radiación. Aunque mucho menos famoso que Ernest Rutherford y Niels Bohr, Maurice de Broglie había contribuido a esclarecer el misterio de la estructura del átomo. Pero su máxima contribución a la ciencia fue, con mucho, haber interesado a su joven hermano en la física.

En 1910 y luego de un fuerte conflicto interno, Louis había rechazado un puesto de investigador en historia francesa para dedicarse a la física. La familia era de mucha alcurnia; desde el siglo XVII los De Broglie habían sido militares, políticos y diplomáticos de alto rango. Maurice y Louis vinieron a dar al traste con una tradición dos veces centenaria.

Al iniciarse la guerra muchos hombres de la generación de Louis fueron a los campos de batalla. No me gustaría animar a las malas lenguas, pero es posible que el título nobiliario del joven De Broglie haya tenido algo que ver con el hecho de que se pasara toda la guerra en la estación de radio de la torre Eiffel. El señorito Louis-Victor-Pierre-Raymond no iba a ser carne de cañón como cualquier hijo de vecino. Es una simple especulación, pero en todo caso qué bueno que no murió en combate como tantos otros de su generación. Ojalá nadie tuviera que morir por la estupidez de la guerra.

Mientras Maurice se inclinaba más hacia la física experimental y la técnica, Louis tenía la mentalidad más filosófica del teórico puro. El servicio militar en el centro radiotelegráfico de la torre Eiffel lo mantuvo en contacto con la tecnología y sirvió de contrapeso a sus inclinaciones naturales, impidiendo que se transformara en un teórico etéreo y puro que ve la práctica con desdén.

Contemplando desde las alturas los bulevares de la Ciudad Luz y la línea sinuosa del Sena, Louis de Broglie pensaba en los adelantos recientes de la física: los cuantos de luz de Planck y Einstein, el modelo atómico híbrido de Bohr y las investigaciones de su hermano y otros, que proclamaban a gritos que la luz tenía, en efecto, propiedades de partícula.

Sin embargo no creo que Louis pudiera pasar por alto el hecho inquietante de que, pese a todo, como diría Sommerfeld más tarde, la teoría ondulatoria de la luz siguiera explicando partes esenciales del comportamiento de la radiación electromagnética, como los fenómenos de difracción e interferencia, y que el color de la luz —con o sin cuantos— se siguiera asociando con una frecuencia, propiedad puramente ondulatoria. La luz, al parecer, era una onda y una partícula —incómoda situación que, como hemos visto, tenía a los físicos muy inconformes—. El resultado decisivo que acabó de convencer a la mayoría de que no quedaba más remedio que atribuirle a la luz una naturaleza dual fue el de un experimento realizado por Arthur Holly Compton en Estados Unidos, experimento que el físico alemán Max Born describió como "un juego de billar cuántico".

La vieja mesa de madera alguna vez fue negra, como dejan ver las escamas de pintura que se le desprenden al menor roce. Sobre la mesa, un montaje experimental muy al estilo Rutherford: feo, pero eficaz. Por un lado una pastilla metálica con una muestra de cesio 137 radiactivo en el centro. El material radiactivo emite partículas alfa (núcleos de helio), partículas beta (electrones) y rayos gama en todas direcciones (los rayos gama son fotones con más energía que los rayos X). Más allá hay un cristal de ioduro de sodio, que servirá de blanco a los rayos gama que el material radiactivo emita en esa dirección. Recostado en la superficie leprosa de la mesa hay un tubo fotomultiplicador, que es en esencia un detector de fotones, conectado a un aparato que registra el número de fotones que llegan al tubo, así como la frecuencia (o sea, la energía) de éstos. El aparato se llama analizador multicanal y lo que muestra en la pantalla que tiene al frente es, ni más ni menos, un espectro de la radiación que llega al fotomultiplicador (véase la figura 13).

Junto a este montaje destartalado hay cuatro estudiantes de física. Dos de ellos están platicando, uno mira embelesado la pantalla del multicanal y otro más está recostado en el escritorio del profesor, leyendo *El amor en los tiempos del cólera*.

El experimento consiste en colocar el tubo fotomultiplicador en varias posiciones alrededor del cristal de ioduro de sodio y registrar para cada posición la frecuencia de la radiación que rebota en el cristal. Es un proceso lento porque la fuente radiactiva es débil y para cada posición hay que esperar a que lleguen al detector fotones en cantidades suficientes para que se dibuje en el multicanal una curva bien definida. Además es sábado, y estamos un poco fastidiados de estar en la facultad en fin de semana, aunque hay que reconocer que con todo el equipo del laboratorio a nuestra disposición se trabaja más a gusto. Y como el maestro no está, uno puede acostarse en el escritorio a leer mientras el multicanal hace su trabajo.

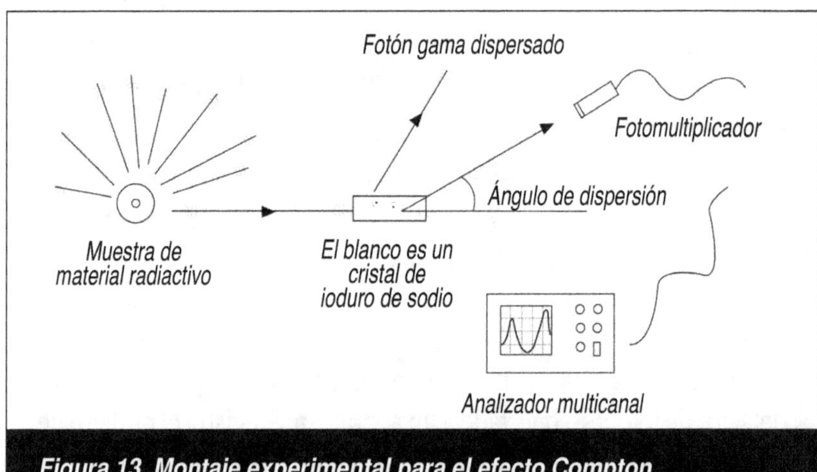

Figura 13. Montaje experimental para el efecto Compton.

En la pantalla del aparato se va definiendo una curva con dos jorobas, que indican que el tubo fotomultiplicador está recibiendo radiación de dos frecuencias distintas. Luego de cambiar de ángulo el tubo fotomultiplicador (y esperar el tiempo necesario), vemos aparecer nuevamente los picos gemelos, pero más separados.

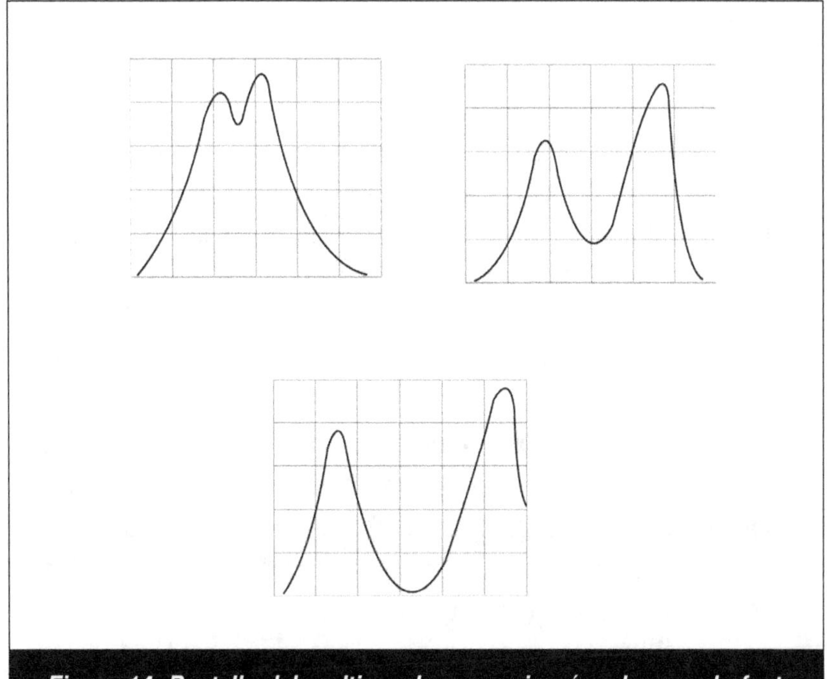

Figura 14. Pantalla del multicanal para varios ángulos en el efecto Compton. La separación de los picos gemelos depende d0el ángulo que forman los rayos gama emitidos por la fuente y la dirección del fotomultiplicador.

La física clásica podía explicar con toda naturalidad el primer pico: los rayos gama, en su calidad de radiación electromagnética, son campos eléctricos y magnéticos que ondulan. Al bañar el material dispersor, el campo eléctrico les imprime a los electrones oscilaciones de su misma frecuencia y, por lo tanto, hace que emitan en todas direcciones radiación de la misma frecuencia que la incidente. Y en efecto, el primer pico que aparece en el multicanal corresponde a la frecuencia de los rayos gama que emite la fuente.

El segundo pico corresponde a otra frecuencia, que va cambiando con el ángulo de dispersión. Este fenómeno no tiene explicación posible en términos de ondas de luz, como bien sabía Arthur Holly Compton, descubridor (junto con Peter Debye, pero independientemente de él) de la joroba de la discordia.

Compton se dijo que la primera joroba —la clásica— se debía a que en el material dispersor había electrones muy fuertemente ligados a sus átomos. Estos electrones se comportarían, en esencia, como unas bolitas con resorte. El campo eléctrico de los rayos gama los hacía vibrar alrededor de una posición de equilibrio, como exigía la teoría clásica, y por lo tanto emitían radiación de la misma frecuencia que los rayos gama incidentes.

Pero el material también contenía electrones más alejados de los núcleos de sus átomos, por lo tanto menos ligados, al grado de que se comportaban casi como electrones libres. Si uno fuera montado en los rayos gama incidentes lo que vería, para efectos prácticos, sería una colección de electrones con resorte y un tiradero de electrones casi libres. Éstos últimos tendrían el mismo efecto que un montón de bolas de billar distribuidas al azar en la mesa de juego. Lo que revelaba la segunda joroba, entonces, era que, además de la dispersión clásica debida a los electrones fuertemente ligados, los rayos gama se dispersaban también como si fueran pelotas lanzadas a toda velocidad contra los electrones libres, o sea, como si fueran partículas. Al chocar con un electrón, el fotón gama le cedía a éste parte de su energía y de su impulso; como resultado el fotón se desviaba y cambiaba de frecuencia (por la pérdida de energía) y el electrón adquiría un movimiento de retroceso.

Usando las mismas leyes de conservación de la energía y de la cantidad de movimiento que se usan para calcular trayectorias de bolas de billar, Compton obtuvo una expresión matemática que relacionaba el ángulo de dispersión con la pérdida de energía de los fotones de la radiación gama, y esta expresión se ajusta perfectamente a los picos gemelos que observamos —Compton en su laboratorio y nosotros en el nuestro—. El efecto Compton disipó las dudas que aún albergaban algunos físicos acerca de la doble personalidad de la luz.

Unificar es entender. En muchos casos, en efecto, el placer de entender lo produce el descubrimiento de que dos cosas que superficialmente parecen distintas son en el fondo la misma. Es lo que le ocurrió a Isaac Newton cuando, contemplando la Luna debajo de un árbol, vio caer una manzana y comprendió que la fuerza que hacía caer a la manzana y la que mantenía a la Luna girando alrededor de la Tierra eran una y la misma. También le sucedió a James Clerk Maxwell cuando descubrió que todos los fenómenos de la electricidad y el magnetismo se pueden resumir elegantemente en sólo cuatro ecuaciones, hoy llamadas ecuaciones del electromagnetismo (o de la electrodinámica) de Maxwell. Éstos son dos de los muchos casos de la historia de las ciencias en que se revela que lo plural es en realidad singular.

Una cosa semejante ocurre cuando, conociendo un resultado que es válido en ciertas circunstancias, el científico lo extiende al caso más general por un deseo de simetría, sin que medie observación empírica alguna, y revela fenómenos desconocidos hasta entonces. Así obtuvo Albert Einstein una teoría de la gravitación más amplia que la de Newton: la teoría general de la relatividad, de donde más tarde se dedujo la existencia de los hoyos negros y la expansión del Universo (antes de que Edwin Hubble la descubriera por observación, en 1929).

También así hizo Louis de Broglie su contribución más importante a la teoría cuántica. "La tarea que aparecía como más urgente y fecunda", escribió De Broglie en 1935, en su libro *La física nueva y los cuantos*, "era hacer un esfuerzo para atribuir al electrón, y más generalmente a todas las partículas, una naturaleza dual análoga a la del fotón para dotarlo de un aspecto ondulatorio y un aspecto corpuscular ligados entre sí por la constante de Planck." De Broglie presentó su atrevida hipótesis de las "ondas de materia" en su tesis doctoral de 1924, ante un jurado compuesto por algunos de los físicos más eminentes de Francia, entre los cuales se encontraba Paul Langevin, a quien el joven físico había pedido que revisara la tesis.

De Broglie encontró una expresión matemática para la longitud de onda que se debía asociar a un objeto en movimiento. Era un resultado para el cual no había ni la menor prueba experimental. Nadie había visto, por ejemplo, una canica interferir con otra y anularse, como hacen las ondas. De Broglie propuso su hipótesis de las ondas de materia por razones que son más estéticas que técnicas: si las ondas de luz pueden comportarse como partículas, por simetría las partículas podrían comportarse como ondas.

Para calcular la longitud de onda de los objetos materiales De Broglie usó la constante de Planck, ingrediente esencial de toda teoría cuántica, que ya se había medido experimentalmente muchas veces y que equivale a 6.62×10^{-34} joules por segundo (o sea, un 662 colocado 33 ceros después del punto decimal). La longitud de onda de De Broglie es proporcional a la constante de Planck, lo cual implica que su escala de magnitud será diminuta. Como esta escala es también la escala a la que se notarán los efectos ondulatorios de las partículas, podemos predecir, sin hacer cálculos, que sólo se les notará lo ondulatorio a los objetos más pequeños: moléculas, átomos y partículas subatómicas. Ésta es la fórmula: $\lambda = h/mv$

Veamos dos ejemplos. Si usted pesa 70 kilogramos y camina a unos seis kilómetros por hora tendría una longitud de onda de De Broglie de 0.00000000000000000000000000000000056 metros (o, en notación exponencial, 5.6×10^{-36} metros), es decir, su comportamiento ondulatorio se notaría a escalas cientos de cuatrillones de veces más pequeñas que las de un átomo (alrededor de 10^{-10} metros). Con razón mi vecino no se difracta al pasar por una puerta ni interfiere conmigo (en un sentido estrictamente ondulatorio, claro) cuando nos saludamos por la mañana. Un electrón, en cambio, tiene una masa de 9.1×10^{-31} kg. Su longitud de onda de De Broglie a velocidades típicas de varios miles de kilómetros por segundo sería de unos 10^{-11} metros, o sea, más o menos lo mismo que la longitud de onda de los rayos X de Röntgen.

"Puesto que el movimiento de los corpúsculos está íntimamente li-gado a la propagación de una onda", escribió De Broglie más tarde, "hay que preguntarse si los corpúsculos materiales, los electrones por ejemplo, pueden presentar fenómenos de interferencia o de difracción completamente análogos a los que presentan los fotones [...] La longitud de onda asociada a los electrones en las circunstancias usuales es siempre muy pequeña, del orden de la de los rayos X. Se puede, por consiguiente, esperar obtener con ellos los mismos fenómenos que se pueden obtener con los rayos X".

Además de esta predicción, que permanecería sin sustento experimental por espacio de algunos años, la hipótesis de De Broglie proporcionaba una imagen menos absurda de los estados estacionarios que había postulado Bohr. Éste había impuesto a los electrones atómicos la limitación de sólo moverse en órbitas en las cuales el momento angular fuera un múltiplo entero de la constante de Planck. De Broglie percibió una analogía entre las órbitas cuantizadas del átomo de Bohr y las ondas estacionarias en una cuerda vibrante. A diferencia de una ola en el mar, que se propaga, una onda estacionaria sólo vibra de arriba abajo, pero sin desplazarse. Eso sólo sucede cuando los extremos de la cuerda están fijos (como es el caso de las cuerdas de un piano) y la longitud de onda es tal que caben un número entero de medias ondas en la cuerda. Esta condición "cuantiza" las longitudes de onda posibles (si las vibraciones de la cuerda son estacionarias; si no, no hay restricciones sobre la longitud de onda). La primera longitud de onda posible (igual al doble de la longitud de la cuerda, o sea, $2L$) hace que la cuerda se combe toda completa de un lado a otro. La siguiente longitud de onda permitida (igual a la longitud de la cuerda, L) hace vibrar la cuerda de tal manera que se forman dos combas a uno y otro lado del punto medio, el cual se queda inmóvil. La siguiente (igual a $2/3$ de L) produce tres combas y la que sigue cuatro, y así sucesivamente. Pero nunca ocurre que la cuerda vibre en medias combas. Siempre aparecen en números enteros y la explicación física es muy simple: las ondas cuya longitud no cumple la condición de caber un número semientero[18] de veces en la cuerda rebotan en los extremos fijos de ésta de tal manera que acaban por interferir consigo mismas y desaparecer (véase la figura 15).

Si los electrones llevaban asociado a su movimiento un fenómeno ondulatorio (De Broglie siempre pensó que el electrón seguía siendo una partícula, pero que iba montado en una onda que gobernaba su movimiento, a la cual llamó "onda piloto") podía ser que las órbitas estables de Bohr fueran simplemente aquellas en las cuales la longitud de onda de De Broglie de los electrones cupiera un número semientero de veces. La hipótesis de las ondas de materia tampoco explicaba por qué los electrones atómicos estaban exentos de emitir radiación electromagnética, pero al menos parecía un poquito menos sacada de la manga. Faltaba ver, claro está, si era cierto que los electrones en movimiento se comportaban como los rayos X.

18. Los números semienteros son las mitades de los números enteros, o sea, $1/2$, $2/2$, $3/2$, $4/2$, $5/2...$ $n/2$.

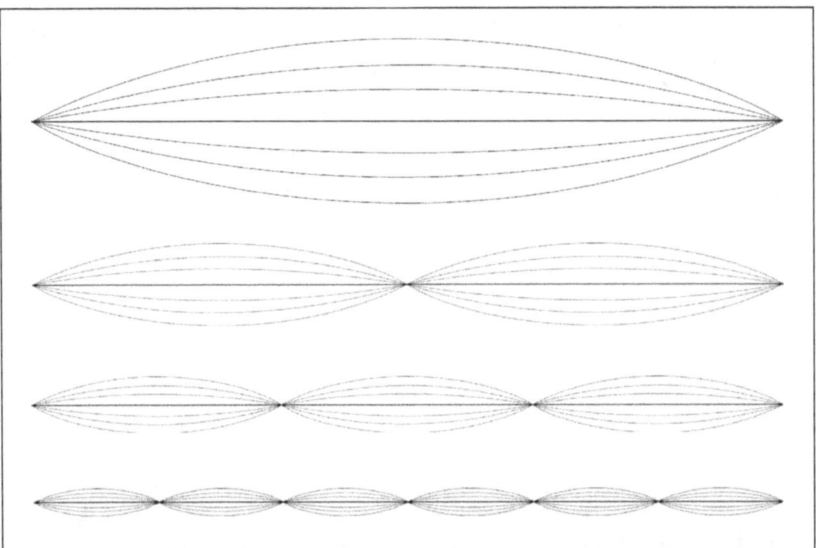

"Se sabe que el fenómeno ondulatorio fundamental de la física de los rayos X es el fenómeno de su difracción por los cristales", escribe De Broglie.

> La extrema pequeñez de la longitud de onda de los rayos X hace casi imposible emplear dispositivos fabricados por la mano del hombre para obtener su difracción. Afortunadamente, la naturaleza nos ofrece redes adaptadas a esa difracción: los cristales. En los cristales, en efecto, los átomos o moléculas están regularmente distribuidos y forman una red de tres dimensiones; resulta, además, que las distancias entre los átomos repartidos en la red son siempre del orden de magnitud de las longitudes de onda X.

Mientras escribo oigo a mi hija jugar en la planta alta de la casa. El cuarto de Ana está justo encima de mi estudio. Para llegar hasta mí las ondas sonoras de sus risas y balbuceos tienen que sortear varios obstáculos, dar vuelta en la escalera, rodear una columna y entrar por la puerta del estudio. Es un camino tortuoso, pero las ondas lo recorren sin dificultad. Todas las ondas pueden rodear obstáculos y llegar a sitios que les serían inaccesibles si viajaran en línea recta. Éste es un ejemplo del fenómeno de *difracción* de las ondas.

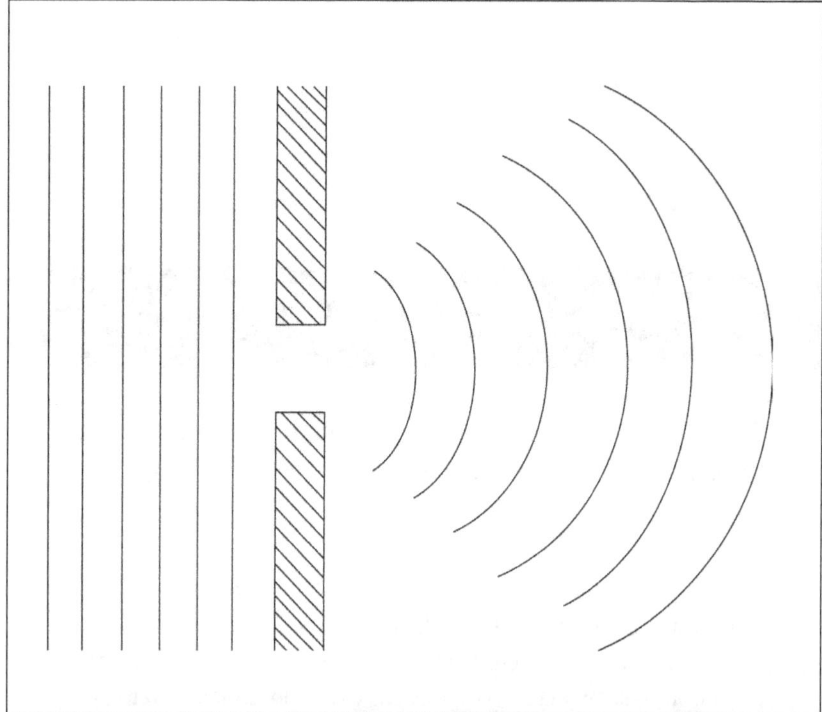

Figura 16. *Esta figura podría representar las olas del mar difractándose al pasar por un rompeolas, o unas ondas de luz pasando por una rendija. La difracción sólo ocurre si las dimensiones de los obstáculos son de la misma escala que la longitud de onda. Para observar la difracción de rayos X o electrones hay que usar obstáculos de dimensiones atómicas.*

Las ondas de sonido tienen longitudes típicas de entre unos centímetros y varios metros, la misma escala que los obstáculos que hay en una casa típica. Las ondas sonoras rodean los muros por difracción. Las ondas de luz visible, en cambio, tienen longitudes de un orden de magnitud mucho más pequeño —de diezmillonésimas de metro— por eso no observamos la difracción de la luz tan fácilmente como la del sonido. (Una manera de hacerlo es mirar al cielo. Las bolitas de centro claro y borde oscuro que algunas personas ven se deben a la difracción de la luz alrededor de las basuritas que flotan dentro del cristalino.)

Para ver los efectos de la difracción de rayos X, cuyas longitudes de onda son por lo menos 100 veces más pequeñas que las de la luz visible, hacía falta poner en su camino obstáculos de las mismas dimensiones y eso, como señala De Broglie, no era posible más que usando cristales. Los sólidos cristalinos están hechos de átomos ordenados en redes tridimensionales muy regulares. La separación entre átomos es comparable con las longitudes de onda de los rayos X, por lo tanto un cristal era ideal para difractar rayos X y, si la hipótesis de De Broglie era correcta, también electrones.

La difracción de rayos X por un cristal era cosa bien conocida en 1924. Se dirigía un haz de rayos X hacia la superficie del cristal y lo que salía se recogía por medio de un detector, por ejemplo, una placa fotográfica o una pantalla fluorescente (nótese el parecido con el montaje experimental del efecto Compton y del experimento de Rutherford; en los tres se lanzan proyectiles contra un blanco y se observa lo que sale de éste). Cuando se difractaban en distintos tipos de cristales, los rayos X producían imágenes de discos concéntricos o patrones simétricos de puntos.

En 1925 el físico estadounidense Clinton Davisson estaba haciendo experimentos para ver cómo se dispersaban los electrones al chocar con las superficies de distintos metales. Ponía una hoja delgada de metal y la bombardeaba con electrones lentos. Pero un día la hoja de níquel que estaba usando se oxidó y tuvo que calentarla para poder seguir haciendo sus experimentos. Al calentar el metal, los átomos se acomodaron en cristales grandes. Sin proponérselo, Davisson estaba haciendo el experimento que confirmaría la hipótesis de De Broglie.

Davisson llevaba años estudiando las propiedades de los electrones y al parecer ya desde 1914 había observado que éstos formaban patrones parecidos a los de los rayos X cuando incidían sobre un sólido cristalino. Pero el físico estadounidense había interpretado el fenómeno como un efecto de la estructura del cristal sobre electrones considerados como partículas. Fue después de que se oxidó aquella hoja de níquel cuando Davisson entendió que los electrones, por alguna extraña razón, estaban mostrando propiedades ondulatorias, y hasta calculó su longitud de onda guiándose por los patrones de difracción. Muy confundido, envió sus resultados a Max Born, quien a la sazón era profesor de física teórica en la Universidad de Gotinga, Alemania. Born en seguida lo puso al tanto de la hipótesis de De Broglie. Entonces Davisson repitió los experimentos con su ayudante, Lester Germer, y obtuvo resultados que concordaban perfectamente con la hipótesis de las ondas de materia de De Broglie.

Entre tanto, en Escocia, George Paget Thomson, hijo del legendario J. J., estaba haciendo los mismos experimentos (y llegando a las mismas conclusiones). Davisson y Thomson compartieron el Premio Nobel en 1937 por la confirmación de la hipótesis de De Broglie.

Pero cuando De Broglie presentó su tesis, en 1924, no tenía en la mano la prueba experimental que siempre es necesaria para que la comunidad científica acepte un resultado. Pese a todo, Paul Langevin, a quien De Broglie había pedido que revisara su tesis, quedó tan impresionado que decidió mandarle una copia a Einstein. Según narra De Broglie, "Einstein no tardó en darse cuenta de que mi generalización de su teoría de los cuantos de luz estaba destinada a abrir horizontes nuevos en la física atómica". Albert Einstein le escribió a Langevin para decirle que su discípulo había "levantado una de las esquinas del gran velo".

Einstein fue el mensajero alado que llevó la hipótesis de las ondas de materia a todos los rincones de la física. Para empezar, le contó la idea a Max Born. Por eso cuando Davisson y Germer le enviaron a éste sus resultados experimentales, Born pudo reconocer su importancia. Luego Einstein comentó la hipótesis de De Broglie en un trabajo publicado en febrero de 1925 y añadió: "creo que representa algo más que una simple analogía". Para entonces Einstein ya era el físico más famoso del orbe, y como dice De Broglie, "el mundo científico daba gran importancia a cada una de sus palabras". No es de extrañar, pues, que el espaldarazo que dio en su artículo de 1925 a la disertación de Louis de Broglie no pasara inadvertido.

En el capítulo 6 veremos cómo se levantaron otras dos esquinas del gran velo y los físicos se prepararon para alzarlo de una vez por todas. ¿Qué había debajo? Ése será el tema del capítulo 7. Observen, sin embargo, que he dejado de lado la cuarta esquina. ¿Por qué? El misterio se aclarará en los capítulos finales de este libro. Acompáñenme.

Las mecánicas cuánticas

*La mecánica ondulatoria de Schrödinger con su postulado
único era como un vestido elegante junto a un traje
de vedette lleno de olanes y lentejuelas.*

—Aaaaaa... —empezó a decir Werner Heisenberg—.
...¡chú! —concluyó.

Casi no había dicho otra cosa desde hacía algunos
días, porque tenía un grave ataque de fiebre del heno,
esa molesta alergia que les da a algunas personas cuando llega la primavera y el polen se esparce por el aire. Para restablecerse se fue a la isla de Heligoland, situada en el Mar del Norte, donde me imagino que no habría mucho polen. Como tampoco había mucho que hacer, el joven y atlético Heisenberg, que a la sazón tenía 24 años,

se dedicó a escalar riscos y a pensar. Después de mucho reflexionar llegó a la importante conclusión de que ya bastaba de tonterías.

Heisenberg nació el 5 de diciembre de 1901, es decir, ya en pleno siglo XX y un año después que la primera hipótesis cuántica. Se graduó del *Gymnasium* (el bachillerato en el sistema educativo alemán) en 1920, y aunque también le interesaban las matemáticas y la música, estudió física en la Universidad de Munich con Arnold Sommerfeld, quien había extendido el modelo atómico de Bohr al caso de órbitas electrónicas elípticas. Heisenberg obtuvo el doctorado en física en sólo seis semestres. Luego, Werner y su amigo del alma, Wolfgang Pauli, se fueron a la Universidad de Gotinga, a estudiar con Max Born. Por si fueran pocos los físicos famosos con los que había entrado en contacto durante su educación, en 1924 Heisenberg viajó a Copenhague para estudiar en el Instituto de Física Teórica de esa ciudad, cuyo fundador y director era nada menos que Niels Bohr.

Heisenberg, por lo tanto, conocía bien el modelo atómico de Bohr (la teoría cuántica de Frankenstein), con su incómoda mezcla de imágenes clásicas y postulados cuánticos. También estaba al tanto de las dificultades del modelo, el cual cada vez se parecía más a una cara demasiado maquillada por la cantidad de modificaciones que había sido necesario hacerle para seguir sacándole jugo. Mientras más resultados nuevos se le obligaba a incorporar, más se iba convirtiendo la vieja teoría cuántica en una especie de receta de cocina: un conjunto de instrucciones que hay que seguir para que las cosas salgan bien, pero que no garantiza que salgan bien.

En Heligoland, Heisenberg decidió construir de una vez por todas una teoría que fuera cuántica desde el principio, y que estuviera fundamentada únicamente en lo que la observación empírica revela con toda certeza. Por ejemplo, las observaciones revelaban líneas espectrales e intensidades de líneas espectrales, pero no decían nada de electrones girando en órbitas clásicas alrededor del núcleo. Había, por tanto, que desterrar de la teoría cuántica a las órbitas de Bohr y Sommerfeld.

Las observaciones, por cuidadosamente que se hicieran, tampoco decían en qué momento un átomo emitía o absorbía un fotón. De los hechos escuetos sólo podían deducirse transiciones de un estado a otro (por la energía de las líneas espectrales) y las probabilidades de que ocurriera cada transición (cuanto mayor fuera la proporción de átomos del gas que emitiera en una frecuencia particular, mayor sería la intensidad de esa línea). Todo lo demás —electrones, órbitas y saltos— eran imágenes que ayudaban a pensar —lo que los físicos llaman modelos— pero que no tenían necesariamente sustancia física. El joven Heisenberg, harto de tanta confusión, tomó la decisión filosófica de prescindir de los modelos y elaborar una teoría matemática que diera resultados concordantes con los datos experimentales y punto.

Heisenberg era muy joven y no es de extrañar que no compartiera los escrúpulos de sus mayores respecto a desechar la física clásica. Además, había caído bajo la influencia del físico y filósofo austriaco Ernest Mach, un convencido de que el conocimiento no se puede construir más que sobre la base de los datos empíricos (y que había influenciado también a Einstein en la juventud de éste).

En el Instituto de Física Teórica de Copenhague, Heisenberg había aprendido el secreto para obtener resultados con la teoría cuántica: el llamado *principio de correspondencia* que había formulado Bohr. Este principio era una técnica para resolver problemas cuánticos —más arte que ciencia— que consistía, en esencia, en suplir con resultados obtenidos a partir de la física clásica lo que no se podía calcular con la teoría cuántica. Al fin que, puesto que la primera es válida en el mundo macroscópico, los resultados cuánticos tendrían que corresponderse con los clásicos al pasar del terreno microscópico al macroscópico. El método, una especie de soldadura entre el reino clásico y el cuántico, había dado resultados, pero, como ha dicho De Broglie, "se tenía la impresión de que su enunciado conservaba un carácter un poco artificial y que no había podido encontrar en el marco de la antigua teoría cuántica su fórmula definitiva". Es más, el principio de correspondencia, al parecer, sólo les salía bien a Bohr y a algunos de sus estudiantes. Se decía que era "una varita mágica que sólo servía en Copenhague".

A los 17 años Werner Heisenberg había visto en un libro una ilustración en la que se representaba a los átomos como pelotitas con ganchos y aros. Los ganchos se metían en los aros y con esa imagen el autor pretendía ilustrar los enlaces químicos. El joven Heisenberg se sintió ofendido en su inteligencia; aquello no podía ser y no debería usarse ni como metáfora. Con esa experiencia nació la desconfianza que le inspiraban los modelos del átomo, la cual se extendió incluso al modelo de Bohr, aunque éste fuera bastante superior a las pelotitas con ganchos en cuanto a poder de predicción.

Años después, en Heligoland, Heisenberg se preguntó: ¿qué nos dicen las observaciones empíricas acerca del átomo? Los espectros sólo hablan de transiciones entre estados (¿pero estados de qué?) y, más importante aún, de *probabilidades*. Un espectro no lo produce un solo átomo, sino un conjunto muy numeroso de átomos que emiten o absorben fotones. No podemos identificar los átomos individuales ni saber en qué momento emite o absorbe cada uno. Había, pues, que construir la nueva mecánica cuántica en esos términos, sin introducir suposiciones adicionales ni dejarse llevar por falsos ídolos de la mente. Un modelo, a fin de cuentas, es una metáfora, y las metáforas llevadas demasiado lejos mienten.

Con los datos de las transiciones atómicas Heisenberg armó unas tablas de números ordenados en renglones y columnas. Cada tabla correspondería a una característica del átomo, o en general del sistema cuántico que se estudiara. Por ejemplo, había una tabla para la posición, otra para la cantidad de movimiento (el producto de la masa por la velocidad, también llamado *momento*), otra para la energía, variables dinámicas que en la física clásica se representaban por medio de un simple número. Los renglones y las columnas representaban todos los estados posibles. Cada casilla ponía en relación dos estados del sistema y los números que se escribían en cada casilla estaban relacionados con la probabilidad de transición entre los dos estados (salvo los de la diagonal, que relacionan un estado consigo mismo y representan el promedio de la variable dinámica cuando el sistema se encuentra en ese estado). En la física clásica hay cantidades que se construyen a partir de otras más simples (por ejemplo, la energía cinética es igual a la mitad de la masa multiplicada por el cuadrado de la velocidad). Heisenberg dedujo unas reglas para combinar sus tablas de estados cuánticos usando operaciones de suma y multiplicación. Su intención era proporcionar al físico una maquinita de hacer cálculos cuánticos con la que bastaría introducir algunos datos acerca del sistema de interés y darle vuelta a la manivela para obtener el comportamiento cuántico completo y detallado del sistema. Con todas estas ideas, preparó el borrador de un artículo.

Extenuado y confundido, pero curado de los estornudos, envió una copia de su borrador a Wolfgang Pauli, su amigo de la adolescencia. Luego le dejó otra copia a Max Born, de quien era asistente, y se fue de viaje a dar unas conferencias.

A Born las tablas de Heisenberg le recordaban algo. Tenía la sensación de haberse topado antes con objetos matemáticos que se comportaban de manera parecida. A diferencia de los números comunes y corrientes, en los que 2×3 es igual a 3×2, las variables cuánticas de Heisenberg tenían la insólita propiedad de que el producto $p \times q$, por ejemplo, podía no ser igual al producto $q \times p$. Born recordó entonces que hacía muchos años había asistido a una conferencia acerca de lo que los matemáticos llaman *matrices*: unas tablas de números que se pueden combinar en sumas y multiplicaciones, pero cuyo producto, como el de las tablas de Heisenberg, no es siempre conmutativo.

La teoría de las matrices era obra de Arthur Cayley, matemático británico de mediados del siglo XIX, que fue un personaje insólito. Amable y cariñoso, era, en plena época victoriana, partidario de la educación de las mujeres y las ayudaba a entrar a la universidad. Las matrices derivaban de la teoría de determinantes, y ésta, a su vez, de la utilidad de transformar unas variables en otras cuando uno hacía integrales múltiples. En resumen, en 1925 Heisenberg descubrió una aplicación física de una teoría matemática independiente que existía desde hacía más de 70 años... ¡y de la que Heisenberg no tenía ni idea!

Born y otro de sus alumnos, Pascual Jordan, se pusieron a elaborar la idea de Heisenberg mientras éste se encontraba de viaje y ya sabiendo que las extrañas tablas cuánticas eran, ni más ni menos, matrices de Cayley. Así construyeron entre los tres la *mecánica matricial*, una mecánica de los objetos de la escala atómica que no hacía referencia a modelo alguno.

L: ¡Un momento, por favor!

A: ...¿eh?

L: Mire, entiendo muy bien por qué la mecánica matricial es matricial, pero, ¿por qué es *mecánica*?

A: Es por analogía con la parte de la física clásica que estudia el movimiento: la mecánica. Durante la construcción de la mecánica matricial Heisenberg se guió por el principio de correspondencia de Bohr, según el cual en ciertas circunstancias en las que la física clásica da buenos resultados, los de la mecánica cuántica deberían coincidir con los de la mecánica clásica. Por ejemplo, las órbitas de los planetas también deben de estar cuantizadas, pero la diferencia de energía entre dos estados estacionarios planetarios será tan pequeña comparada con la energía total de los planetas, que para todo fin práctico éstos se comportan como si su energía pudiera variar continuamente, como dice la física clásica.

Trabajando así, desde arriba, digamos, uno se podía internar poco a poco en el mundo cuántico cuidando que los resultados cumplieran el principio de correspondencia. Heisenberg tomó prestadas de la mecánica clásica las nociones generales de posición, cantidad de movimiento, energía y otras variables relacionadas con el movimiento de las partículas, pero en vez de números usó matrices para representarlas. Muchas relaciones entre variables de la mecánica clásica se conservan en la teoría de Heisenberg. Por eso es *mecánica* la mecánica matricial. Por cierto, también es ya una *mecánica cuántica* propiamente dicha.

L: *¿Una* mecánica cuántica? ¿Qué hay otras?

A: Sí.

L: ...

Lo de la falta de modelo no preocupó a Heisenberg, como hemos visto, y tampoco les quitó el sueño, cuando se enteraron, a Bohr, a Pauli, ni a muchos otros físicos, a los cuales sus antecedentes personales y el clima intelectual de la época habían predispuesto a rechazar imágenes visuales, hacer a un lado la física clásica e incluso a rechazar la validez del concepto de realidad objetiva. A otros, en cambio, aquello les pareció un horror. Pero me estoy adelantando.

La mecánica matricial de Heisenberg, Born y Jordan es completamente fenomenológica, es decir, se ocupa de describir los fenómenos, pero sin explicarlos sobre la base de principios más profundos. Postula una maquinita matemática que funciona, pero no dice por qué funciona. La ausencia de modelo le da, además, un grado de abstracción que quizá sólo se comparaba en aquella época con el de la teoría general de la relatividad. Pero la mecánica matricial daba resultado. Wolfgang Pauli la usó para calcular el espectro del átomo de hidrógeno con todos los detalles, incluyendo los efectos de los campos eléctricos y magnéticos sobre las líneas espectrales. Además la teoría no requería añadidos: todos los fenómenos cuánticos conocidos y por conocer quedaban automáticamente incluidos si uno sabía usar bien la extraña sintaxis de las matrices de Heisenberg, Born y Jordan.

Entre tanto, un físico vienés de 37 años[19] llamado Erwin Schrödinger, que trabajaba en la Universidad de Zurich, Suiza, leía con interés el artículo de Einstein en el que mencionaba la hipótesis de De Broglie. Era un momento culminante de la vida de Schrödinger, aunque él no lo supiera. Más tarde le escribiría a Einstein para reconocer la deuda que tenía con él: "La cosa no hubiera surgido aún, y quizá nunca hubiera surgido (por lo menos no de mí) si su segundo artículo acerca de los gases degenerados no me hubiera hecho ver la importancia de las ideas de De Broglie".

"La cosa" a la que se refiere Schrödinger era la *mecánica ondulatoria*, segunda versión de la mecánica cuántica, que el físico austriaco elaboró en el lapso de unos cuantos meses, presa de una racha de creatividad furibunda como pocas, y que presentó en cuatro artículos publicados en la primera mitad de 1926.

Schrödinger era una de esas personas, muy escasas en su época y más escasas hoy, que se saltan con facilidad las fronteras artificiales entre las ciencias y las humanidades. Había nacido en Viena cuando esa ciudad era el centro cultural de Europa. Su padre era químico de formación, pero se había dedicado a estudiar la pintura italiana y la botánica. La familia tenía dinero, y no les había faltado tiempo a sus padres para fomentar en Erwin el amor al conocimiento sin distinción de disciplina a la que correspondiera. Erwin Schrödinger era tan culto que se daba cuenta de que la ciencia no basta para entender totalmente la existencia humana.

---

19. O sea, casi un anciano si tomamos en cuenta que la mayoría de los físicos que contribuyeron a crear la mecánica cuántica lo hicieron antes de cumplir los 30 años.

Mientras Heisenberg y sus amigos de Gotinga —Max Born y Pascual Jordan—, además de Wolfgang Pauli y Niels Bohr, empezaban a poner en duda la posibilidad de construir una física de lo muy pequeño fundamentada en conceptos claros e intuitivos como los de la física clásica, Schrödinger seguía creyendo que el comportamiento de los objetos de la escala atómica se podría explicar sin recurrir a ideas radicalmente nuevas. La hipótesis de De Broglie, por lo tanto, le venía como anillo al dedo: si el mundo cuántico se podía representar con unas cosas tan clásicas y bien conocidas como las ondas, la física estaba salvada.

A Schrödinger le molestaban en particular los "saltos cuánticos" del modelo atómico de Bohr, en el cual, pese a la imagen clásica de un sistema solar en miniatura, los electrones tenían unas propiedades de lo más extrañas. Para empezar, cuando efectuaban una transición entre dos estados estacionarios pasaban de una órbita a otra instantáneamente, *sin atravesar el espacio intermedio*. Por si fuera poco, los electrones parecían saber a qué órbita iban a saltar, porque la energía del fotón que emitían o absorbían en la transición era igual a la diferencia de energía entre el estado final y el inicial. Para rematar, no había manera de calcular en qué momento efectuaba un electrón la transición, sólo la probabilidad de que la efectuara en un lapso dado, hecho que muchos físicos ya estaban interpretando como demostración de que, en el nivel más fundamental, las cosas sucedían esencialmente al azar y sin que mediara causa alguna. Los saltos cuánticos eran, para el culto vienés Erwin Schrödinger, "ásperas disonancias en la sinfonía de la física clásica", en la cual un fenómeno —por ejemplo la trayectoria de un cometa— se podía subdividir, en principio, tan finamente como uno quisiera, lo que permitía seguirles la pista a los hechos paso a paso, instante por instante, continuamente y sin perder un solo detalle. En el mundo cuántico, en cambio, el espectáculo de la naturaleza resultaba ser una película que, vista a su velocidad normal, da la impresión de continuidad, pero analizada cuadro por cuadro, presenta una estructura discontinua.

Schrödinger se propuso construir una ecuación diferencial como las de la física clásica que describiera el aspecto ondulatorio de la materia y de la radiación. En sus cuatro artículos de 1926 justificó la construcción de su ecuación (la cual no había derivado de primeros principios y por lo tanto era tan fenomenológica como las matrices de Heisenberg) y demostró con varios ejemplos la manera de usarla. En el caso del átomo de hidrógeno, la ecuación de Schrödinger permitía obtener los niveles de energía de una manera muy natural, sin introducir postulados suplementarios. Como había intuido De Broglie, los electrones en los átomos se acomodaban en órbitas cuantizadas por la misma razón que en la cuerda vibrante con los dos extremos fijos sólo se pueden establecer vibraciones con ciertas longitudes de onda escalonadas. Seguía siendo necesario postular la propia ecuación de Schrödinger, pero una vez aceptada la validez de ésta, la mecánica ondulatoria daba sin dificultad una gran variedad de resultados cuánticos que antes habían tenido que sacársele a la fuerza a la vieja teoría cuántica. Junto a ésta, la mecánica ondulatoria de Schrödinger con su postulado único era como un vestido elegante junto a un traje de vedette lleno de olanes y lentejuelas. Era lo que los físicos y los matemáticos llaman una teoría elegante: una teoría relativamente sencilla con muchas aplicaciones.

La mecánica ondulatoria daba los mismos resultados que la mecánica matricial en todos los casos. Por supuesto, sería muy raro que no fuera así porque ambas teorías se refieren a los mismos aspectos del mundo físico, pero en cierta forma también es raro que sí lo sea, porque matemáticamente son muy distintas. En febrero de 1926, poco después de publicar el segundo de sus artículos acerca de la mecánica ondulatoria, Schrödinger descubrió, para enorme satisfacción suya, que su teoría y la de Heisenberg, Born y Jordan eran equivalentes:

el lenguaje de una se podía traducir al de la otra por medio de una regla sencilla. Con todo, Schrödinger seguía albergando esperanzas de que en el mundo hecho de ondas de su teoría se pudieran abolir los horribles saltos cuánticos.

En mecánica ondulatoria los resultados se expresan en términos de la *función de onda* del sistema cuántico estudiado. Schrödinger usó la letra griega ψ (psi) para denotar la función de onda. Para Schrödinger, el que los fenómenos cuánticos se pudieran expresar en términos puramente ondulatorios quería decir que el mundo estaba hecho de ondas, y de ondas nada más. Estaba convencido de que las vibraciones descritas por ψ eran simplemente las ondas de De Broglie. Los efectos corpusculares se debían a que las ondas se pueden organizar en "paquetes" localizados que tienen muchas de las propiedades de las partículas. Un paquete de ondas se forma cuando en una región del espacio coinciden ondas de frecuencias distintas tales que, todas juntas, se refuerzan en una zona localizada y se anulan en el resto del espacio.

Desafortunadamente para Schrödinger, su interpretación —con la cual pretendía salvar a la física de los saltos cuánticos y del fantasma de la acausalidad— se topó con varias objeciones.

La primera es que los paquetes de ondas no duran mucho. Al propagarse, el paquete se va haciendo más ancho, menos localizado, y pierde con ello la semejanza con una partícula. La segunda objeción es que, mientras las ondas de la física clásica (todas interpretables como un fenómeno físico que tiene manifestaciones directamente observables) pueden tener como máximo tres dimensiones, las ondas ψ podían tener muchas más. Por ejemplo, la función de onda de un sistema de dos partículas es una vibración en seis dimensiones (tres para cada partícula). Por lo tanto, ψ no podía representar las ondas de De Broglie. La función de onda de la mecánica cuántica no tenía una interpretación física evidente.

Schrödinger no había acabado de publicar sus cuatro artículos cuando Max Born propuso una interpretación posible para la ψ. La función de onda, dijo, era una medida de la *probabilidad* de que una partícula se encontrara en distintas posiciones en un momento dado. Pero esta probabilidad no era la ψ desnuda, porque una probabilidad tiene que ser un número real positivo y la función de onda podía dar como resultado números de los llamados *complejos*, que no pueden ser cantidades físicas. Born elevaba la ψ al cuadrado y luego le imponía a este cuadrado un valor positivo, porque los números complejos pueden tener cuadrados negativos. La ψ así disfrazada daba la probabilidad de que, a un tiempo dado, el sistema que describe estuviera en un punto dado.

A Schrödinger no le gustó nadita la interpretación de Born, porque decía, en esencia, que las ondas ψ no son nada o, en todo caso, que no son vibraciones reales de ningún sustrato físico. Con la interpretación probabilística de Born —que parece dar sustento teórico a las ideas de indeterminismo y acausalidad que ya flotaban en el aire— el mundo cuántico se vuelve nebuloso. Como un objeto que se mueve tan rápido que sólo vemos un borrón incorpóreo, los electrones —y todos los objetos del universo cuántico— se disolvían en nubes de probabilidad, extendiéndose a todas las posiciones posibles. Ya no se podía decir que un electrón se encontraba en tal punto, sólo que estaba ahí en promedio. En una carta que le envió a Planck en 1927, Schrödinger decía: "Lo que me parece más cuestionable de la interpretación probabilística de Born es que cuando sus partidarios la desarrollan detalladamente, nos presentan las cosas más asombrosas de la forma más natural..." La me-cánica cuántica ya estaba dividiendo a los físicos en dos bandos: los que no tenían empacho en aceptar sin más las extrañas implicaciones que se estaban deduciendo de la teoría, y los que sí. Schrödinger era de éstos últimos, claro.

Los primeros eran principalmente físicos jóvenes que no tardaron en reunirse como electrones atómicos alrededor de la figura nuclear de Bohr, por cuyo instituto, en Copenhague, pasaron casi todos los físicos notables de la época. Bohr había propuesto el primer modelo cuántico del átomo; su principio de correspondencia había sido la idea rectora de la antigua teoría cuántica y había ayudado a construir la mecánica matricial. Y por esa época, Bohr ya estaba fraguando el concepto de *complementariedad*, según el cual no es que los objetos cuánticos sean ondas y partículas —ni ondas o partículas—, sino que, según sean las condiciones en las que se les observa, manifiestan ora una naturaleza, ora la otra, en tal forma que sólo teniendo en mente estos dos aspectos complementarios se pueden explicar todos los fenómenos cuánticos. Postular la complementariedad es una manera de decir que la dualidad onda-partícula no tiene explicación más fundamental, postura que tiene una buena carga filosófica y que habría de marcar una de las diferencias principales entre los dos bandos cuánticos.

En el otoño de 1926 Bohr invitó a Schrödinger a Copenhague para discutir la interpretación de la mecánica ondulatoria. Heisenberg, que a la sazón se encontraba en el Instituto y que tenía una relación muy estrecha con Bohr, relata la discusión así:

> ...aunque Bohr era singularmente respetuoso y afable en el trato con los demás, en esta ocasión, en la que se trataban problemas epistemológi-cos que consideraba de importancia vital, se comportó como un fanático empedernido, que no estaba dispuesto a hacer concesión alguna a su interlocutor o a permitir la más mínima falta de claridad. Incluso después de horas de discusión, Bohr seguía insistiendo, hasta que Schrödinger tuvo que admitir que su interpretación era insuficiente [...]. Cada uno de los intentos que Schrödinger hacía para evitar ese amargo resultado era lentamente refutado, punto por punto, en una discusión infinitamente

elaborada. A los pocos días, Schrödinger se puso enfermo a consecuencia, tal vez, del enorme esfuerzo, y tuvo que guardar cama como invitado en casa de Bohr [quien vivía con su familia en una parte del castillo que había donado el gobierno de Dinamarca para fundar el Instituto]. Incluso así era difícil mantener a Bohr alejado de Schrödinger.

Añádase al acoso de que fue objeto el invitado que Bohr fumaba pipa continuamente y que Schrödinger, a diferencia de su gregario anfitrión que siempre estaba rodeado de hijos y de físicos jóvenes, era más bien un solitario, y se comprenderá por qué, como escribió Heisenberg, "Schrödinger abandonó Copenhague bastante desanimado." ¡Pobre Schrödinger!

Pero Bohr no era ningún monstruo. Al contrario, era una persona de lo más agradable. Siempre franco, cuando no entendía bien un problema lo decía sin avergonzarse e insistía en que se le explicara, lo cual no solía ser fácil. Con sus estudiantes no tenía la actitud del profesor sabelotodo que nunca se equivoca (tan común, ¡ay!, en nuestro sistema educativo), sino la de un igual que podía aprender tanto de ellos como ellos de él. Y como adversario intelectual era el más noble y justo. Albert Einstein y Niels Bohr, principales contendientes en la polémica acerca de la interpretación de la mecánica cuántica, que en 1927 iba cobrando impulso, siempre fueron buenos amigos pese a sus considerables dife-rencias filosóficas. Nunca hubo entre ellos la menor discordia y Einstein llegó a empezar una carta para Bohr con las palabras "querido —o más bien, amado Bohr..."

La discusión en Copenhague no tuvo un final feliz para Schrödinger. Bohr le preguntó si podía deducir la distribución espectral de la radiación térmica de Planck a partir de ondas. Schrödinger lo intentó, pero no pudo hacerlo sin introducir saltos discontinuos. Su teoría ondulatoria, después de todo, no había conseguido eliminar los saltos cuánticos, sólo disimularlos. En un intercambio muy famoso entre Schrödinger y Bohr, aquél dijo:

—Si hubiera sabido que no nos íbamos a quitar de encima los malditos saltos cuánticos, no me hubiera metido nunca a hacer teoría cuántica.

A lo cual el amable Bohr replicó:

—Pero nosotros estamos felices de que sí lo haya hecho, porque su labor ha servido para promover la teoría.

La discusión con Schrödinger hizo ver a Heisenberg y a Bohr que era necesario precisar aún más la relación entre la mecánica cuántica y los resultados de experimentos y mediciones. De ese esfuerzo, que habría de durar varios meses, nació el famoso (e incorrectamente llamado) *principio de incertidumbre*, tan importante, que le dedicaremos el siguiente capítulo.

El subeibaja de Heisenberg

*Es como determinar la posición de una persona
aventándole ladrillos...*

En 1986 cursamos la materia de Física Teórica IV (mecánica cuántica), una de las últimas de la carrera de física. Ése fue el año del Mundial de Fútbol en México, y también fue el del paso más reciente del cometa Halley por estas regiones del Sistema Solar. Alejandro y Natasha no eran particularmente afectos a la astronomía, pero Miguel y yo sí, y ambos llevábamos muchos años esperando al cometa.

A los nueve años mi papá me regaló un pequeño catalejo verde con el que esperábamos poder ver el cometa Kohoutek desde la azotea de nuestro edificio. Subimos varias veces en noches sucesivas, pero no vimos nada. El cometa Kohoutek, tan anunciado por los medios, fue un fiasco, por lo menos para nosotros. Si hubiéramos sabido dónde buscarlo entre las estrellas no hubiera sido difícil verlo con mi catalejo verde, pero a los nueve años es difícil ser buen astrónomo, por más entusiasmo que uno tenga.

Al poco tiempo compré un libro de astronomía para niños, con el cual me enteré de que en 1986 se esperaba la llegada del Halley, un cometa mucho más confiable, que pasaba siempre con puntualidad inglesa. Y precisamente había sido un físico y astrónomo inglés, Edmund Halley, el primero en estudiar el cometa y calcular su trayectoria usando las flamantes leyes de la mecánica de su amigo Isaac Newton, en el siglo XVII.

No recuerdo haberme asombrado de que se pudiera predecir que un cometa iba a pasar con tanta antelación (estábamos en 1973). Era una época de confianza en la ciencia y la tecnología. Los programas espaciales de Estados Unidos y la Unión Soviética iban viento en popa y hacía apenas cuatro años habíamos visto a Neil Armstrong hollar la Luna. ¿Por qué no iban a poder los científicos hacer predicciones exactas acerca de la trayectoria de un cometa?

Trece años después, una fría madrugada de marzo, Miguel, Natasha, Alejandro y yo nos fuimos al monte Ajusco (situado al sur de la ciudad de México) en busca de cielos prístinos para ver el cometa Halley. Avanzando por una estrecha carretera rural, íbamos los cuatro muy callados, pensando que el cometa nos iba a dejar plantados, cuando de repente vi por el rabillo del ojo una rayita blanca muy pequeña y muy tendida hacia el sur. Al fijar la vista en el punto del cielo donde me había parecido que estaba la rayita, no vi más que las populosas constelaciones de Sagitario y Escorpión. Pero al poner los ojos en la carretera otra vez, la fantasmagórica rayita blanca volvió a aparecer.

Todo astrónomo aficionado sabe que la región periférica de la retina es más sensible a la luz que la parte central, donde se enfocan las imágenes de las cosas en las que fijamos la vista, por lo cual es muy útil mirar el cielo de reojo si uno quiere detectar objetos muy tenues. La rayita blanca era el cometa Halley, tan puntual como siempre. Bajamos del coche y nos pusimos a vociferar de emoción.

Isaac Newton habría podido sentirse doblemente satisfecho si hubiera estado vivo en 1986. Además de que el cometa llegó puntual a la cita, un comité de recepción integrado por la nave *Giotto* de la Agencia Espacial Europea y las sondas soviéticas *Vega 1* y *Vega 2*, fue a observar de cerca al ilustre visitante. Para calcular las trayectorias de las naves sus constructores usaron la misma física que empleó Edmund Halley para determinar por primera vez la órbita del cometa hacía 300 años: la mecánica clásica de sir Isaac.

La mecánica clásica es una forma de predecir el futuro. Si uno tiene manera de enterarse de la posición y la velocidad de un objeto en un instante dado, así como de las fuerzas que actúan sobre él, puede fácilmente calcular la trayectoria que seguirá ese objeto por el resto de la eternidad... por lo menos en principio. Eso, poco más o menos, es lo que hizo Edmund Halley con su cometa. Esta característica de la mecánica de Newton inspiró al marqués Pierre Simon de Laplace, autor de una *Mecánica celeste* en cinco volúmenes, a afirmar que el estado actual del Universo es consecuencia del estado anterior y causa del siguiente, y que una mente que pudiera conocer en un instante dado todas las fuerzas, las posiciones y las velocidades de todas las cosas, podría conocer el futuro y el pasado de todo, con absoluta precisión.

Pero Laplace vivió en el siglo XVIII y nunca supo de la mecánica cuántica. Si hubiera sabido lo que iba a descubrir Werner Heisenberg cuando, a raíz de la visita de Schrödinger a Copenhague, se puso a buscar una relación más íntima entre la mecánica cuántica y las observaciones experimentales, a Laplace se le hubieran puesto de punta los pelos de la peluca.

Con la partida del pobre Schrödinger, Bohr y Heisenberg se pusieron a pensar, cada uno por su lado (aunque se reunían diariamente para discutir sus reflexiones), en un problema específico: las trayectorias de partículas subatómicas que se podían ver con un ingenioso aparatito llamado cámara de niebla. Escribo estas líneas a los pocos días de haber visto funcionar uno de estos aparatos por primera vez. Debo el placer a Vicente Jiménez, jefe de la sala de estructura de la materia del museo Universum, donde ambos trabajamos. La cámara de niebla, inventada por C. T. R. Wilson alrededor de 1911, es una especie de caja de píldoras con tapa de vidrio, en cuyo interior hay un vapor supersaturado, que se condensa a la menor provocación. Al pasar por la cámara de niebla las partículas con carga eléctrica van dejando un rastro de gotitas de agua. En la que me mostró Vicente había además una punta de aguja con material radiactivo que emitía partículas alfa como las de Rutherford. Al apagar la luz de la oficina e iluminar la cámara con una linterna de mano, vimos salir de la punta de aguja unas rayitas blancas parecidas al rastro que deja una estrella fugaz. Eran trayectorias de partículas alfa, y salían en todas direcciones, sin ton ni son, como indica la mecánica cuántica, por cierto.

La mecánica matricial, en la que la posición de una partícula era una matriz de dimensión infinita, no decía nada acerca de trayectorias, pero para septiembre de 1926 Heisenberg y muchos de sus colegas ya tenían una confianza casi ciega en la teoría. ¿Cómo reconciliarla con los resultados de la cámara de Wilson? Después de mucho reflexionar, un día en que Bohr, extenuado de tanto pensar en lo mismo, se había ido a esquiar a Noruega, Heisenberg dio con una posible solución mientras se paseaba bajo las estrellas en el parque Tívoli de Copenhague. Quizá era un error tomar los resultados de los experimentos y tratar de hacer que la mecánica cuántica se ajustara a ellos; tal vez, se dijo Heisenberg, "había que postular que la naturaleza sólo ofrece aquellas situaciones experimentales que pueden ser descritas dentro del esquema matemático de la mecánica cuántica".

Heisenberg favorecía cada vez más el punto de vista de que en física sólo lo que se puede observar o medir tiene sentido. Si uno quiere hablar de la posición de un objeto, por ejemplo de un electrón, "tiene que describir un experimento en el cual pueda medirse la posición de un electrón; de otro modo este término carece de todo significado". Se trata de una postura filosófica empiricista; en suma, de una opinión, no de un resultado físico objetivo e incontrovertible, y en un capítulo posterior veremos que el debate acerca de la interpretación de la mecánica cuántica está fuertemente teñido de filosofía. Pero sigamos con Heisenberg, teniendo en mente sus inclinaciones.

Para Heisenberg, pues, la posición de un electrón no tiene sentido si no se puede idear un experimento para observarla. En la vida diaria vemos las cosas porque reflejan luz. Los fotones llevan a nuestros ojos la información acerca de la posición de los objetos. Para ver al electrón sería preciso que reflejara por lo menos un fotón. Una pelota no se desvía al intercambiar impulso con una ráfaga de fotones, por intensa que sea; pero cuando un fotón incide sobre un electrón en movimiento cobra importancia el juego de billar cuántico del efecto Compton. El fotón le transfiere al electrón parte de su impulso. Es como tratar de determinar la posición de una persona aventándole ladrillos: un solo fotón basta para alterar notablemente la posición y la velocidad —y por lo tanto la trayectoria— del electrón. Cuanto más pequeña es la longitud de onda de la luz con que se ilumina al electrón, mayor es la exac-titud con la que podemos determinar su posición, pero también es mayor el impulso que intercambia el fotón con el electrón, por lo que se pierde precisión en la medida de la velocidad de éste (o equivalentemente, del *momento*, el producto de la masa por la velocidad). Heisenberg concluyó que "cuanto más exacta es la medida de la posición, menos lo es la del momento y viceversa". Encontró una expresión matemática de este enunciado, la cual dice que la imprecisión en la medida de la posición multiplicada por la imprecisión en la medida del momento no puede ser menor que la constante de Planck, h. Ésta nuevamente da una idea de la escala en la cual es válido el resultado. En la vida diaria y macros-cópica —la de los coches, las pelotas, los planetas, la sopa—, las imprecisiones en las medidas de posición y velocidad son siempre gigantescas comparadas con h. Es en la escala del átomo donde las relaciones de indeterminación de Heisenberg hacen de las suyas.

Supongamos que construyo un aparato para medir al mismo tiempo la posición, q, y el momento, p, y que pongo en el interior un electrón. Oprimo un botón y aparece en una pantalla digital ultramoderna una pareja de números con una cola decimal larguísima, lo cual quiere decir que estoy midiendo las cosas con alto grado de precisión. Vuelvo a oprimir el botón y obtengo otros números. Me quedo un poco confundido porque no son iguales a los anteriores (aunque sólo difieren en las últimas cifras de la cola decimal). Para aclarar el misterio sigo oprimiendo el botón. Cada vez obtengo números distintos y al rato tengo una colección muy numerosa de medidas, suficientes para hacer un análisis estadístico de los resultados de medir la posición y el momento de mi electrón. Me pongo a hacer el análisis estadístico diligentemente y observo que los valores de q y de p revolotean alrededor de sendos promedios; quizá veo una cosa así (veáse la figura 17):

No puedo precisar con toda exactitud ninguna de las dos medidas, de modo que defino las incertidumbres Δq y Δp ("delta q" y "delta p") en la posición y el momento como una medida del ancho de mis distribuciones estadísticas, hechas con un gran número de pares de

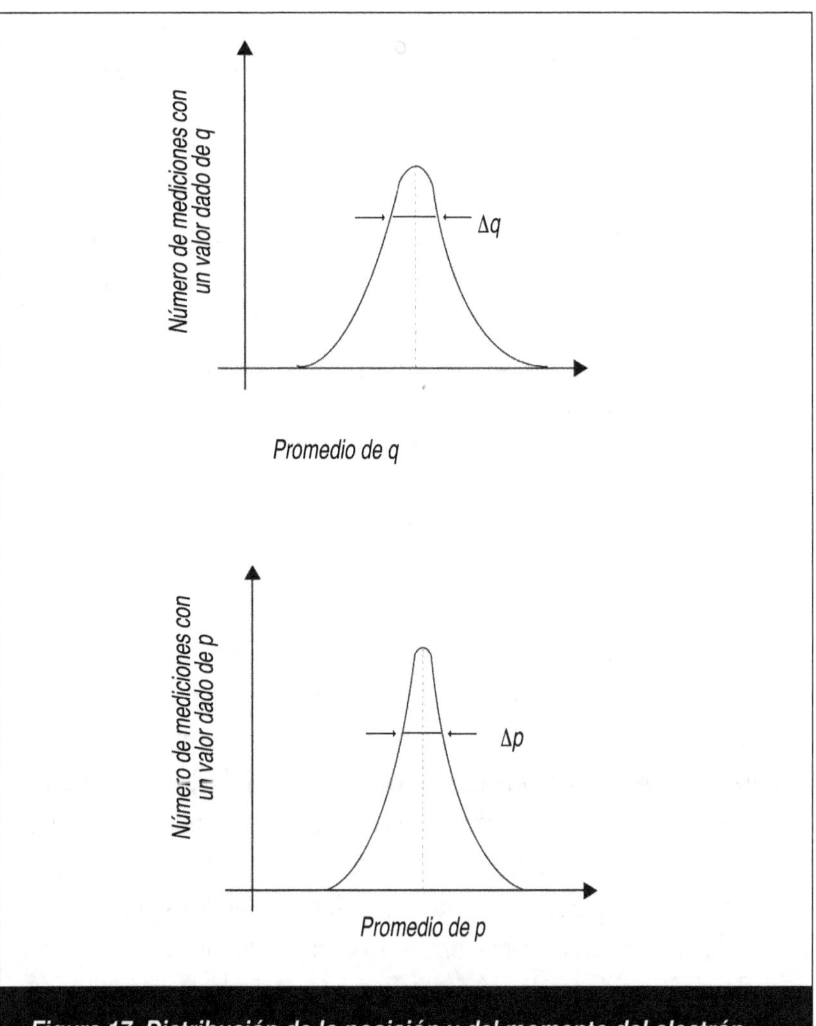

Figura 17. Distribución de la posición y del momento del electrón.

medidas simultáneas de q y de p. Lo que dice Heisenberg es que el producto de estas incertidumbres en mecánica cuántica no puede ser igual a cero; tiene que ser igual por lo menos a una cantidad distinta de cero —muy pequeña, sí, pero no igual a cero—. En otras palabras, no puede ser que la incertidumbre, o dispersión, de ambas variables sea cero cuando las mido al mismo tiempo.

Heisenberg encontró una relación completamente análoga a la de la posición y el momento para las variables energía y tiempo, y en general, para cualquier pareja de variables A y B tales que $A \times B$ no sea igual a $B \times A$. Estas relaciones matemáticas constituyen el famoso "principio de incertidumbre" de Heisenberg. Como este resultado ha sido objeto de controversia y la frase "principio de incertidumbre" se presta a malas interpretaciones, aquí usaremos mejor "relaciones de indeterminación". Éstas son las dos más usuales:

$$\Delta q \times \Delta p \geq h$$
$$\Delta E \times \Delta t \geq h$$

En la física clásica se puede predecir dónde van a estar las cosas (por ejemplo, los cometas) con antelación porque Δq y Δp para los objetos macroscópicos se pueden hacer ambos suficientemente pequeños como para realizar cálculos muy precisos sin que su producto se acerque ni remotamente a h. Supongamos que yo peso 70 kg (es un hecho) y que me desplazo a velocidades de alrededor de un metro por segundo. Imaginémonos que uso mi aparato medidor de posiciones y momentos simultáneos para medir mi momento p y mi posición q. Mi p es de alrededor de 70 unidades de momento. Para hacer cálculos muy exactos no necesito medirlo con mucha más precisión que una parte en mil, pero supongamos que nos vamos hasta una parte en un millón, de modo que Δp es de 0.000007 unidades de momento. En cuanto a mi posición, no tendría mucho sentido medirla con más precisión que unos cuantos milímetros, pero supongamos que exagero y me voy hasta las milésimas de milímetro: $\Delta q = 0.000001$ metros. Con estas exageraciones, $\Delta q \times \Delta p$ es igual a 0.000000000007 unidades de acción... ¡pero la constante de Planck es $h = 6.6 \times 10^{-34} = 0.00000000000000000000000000000000066$ unidades de acción! ¡Diez mil trillones de veces más pequeña!

Está claro que, por más puntilloso que quiera yo ser con las mediciones, no me voy a acercar al dominio de las relaciones de indeterminación y la mecánica cuántica.

Pero en la escala de los átomos la cosa cambia. Ahí las Δq típicas son de, digamos, 10^{-11} metros y las Δp pueden andar por las 10^{-22} unidades de momento. Entonces, el producto $\Delta q \times \Delta p$ es de cerca de 10^{-33} unidades de acción, cifra que está en la misma escala que la restricción cuántica impuesta por las relaciones de indeterminación. Trate usted de precisar más la posición y perderá exactitud en el momento. Y viceversa, como un subeibaja: si usted pone los pies en la tierra, su compañero queda con las patitas al aire. No hay salida.[20]

Heisenberg interpretó sus relaciones así: puesto que la mecánica cuántica no permite que se midan con toda precisión la posición y el momento a un tiempo, y puesto que, desde su punto de vista, lo que no se puede medir no existe, los electrones, y en general las partículas subatómicas, no tienen posición ni momento determinados; por lo tanto, no tienen trayectoria.

L: ¿Y las trayectorias de la cámara de niebla?

A: Las trayectorias de la cámara de niebla no son trayectorias. En realidad lo que uno está viendo son sucesiones de gotitas de agua muy pequeñas, como un collar de perlas.

L: ¿Y qué?

A: Pues que unas gotitas de agua, por más pequeñas que sean, tienen dimensiones. Decir "en tal instante el electrón se encontraba

---

20. Una cosa que *no* dicen las relaciones de indeterminación es que no se pueda medir sin dispersión la posición o el momento independientemente. Sí se puede, pero en ese caso la dispersión en la otra variable se hace infinita.

en la posición de esta gotita de agua" implica una imprecisión en la posición y el momento suficientemente grandes como para satisfacer las relaciones de indeterminación.

L: O sea que en realidad no hay trayectoria...

A: Eso es lo que dice Heisenberg...

L: ¿Por qué pone usted cara de misterio?

A: Porque a estas alturas de la historia de la mecánica cuántica se empiezan a mezclar los resultados matemáticos con las preferencias filosóficas de sus creadores, a tal grado que es muy difícil distinguir unos de otras. Las relaciones de indeterminación son un buen ejemplo. El que no se pueda medir simultáneamente con toda precisión la posición y el momento de una partícula no implica lógicamente que éstos no existan. Postular que no existen si no se pueden medir es un añadido filosófico.

L: ¿Hubo quien expresara desacuerdo con Heisenberg?

A: Sí, y el primero de todos fue el mismo Bohr.

Cuando Bohr regresó de vacaciones, su pupilo le mostró el artículo que había elaborado con sus nuevas ideas. Bohr estuvo de acuerdo con las conclusiones generales; las relaciones de indeterminación eran válidas. Pero mientras que la imposibilidad de medir al mismo tiempo la posición y el momento de los objetos atómicos la deducía Heisenberg del efecto que sobre éstos tenía el propio proceso de medición (recorde-mos el experimento de medir la posición de una persona aventándole ladrillos), a Bohr le parecía que el aspecto borroso del mundo cuántico se debía más bien a la dualidad onda-partícula. Bohr trató de convencerlo de no publicar su artículo en la forma en que lo había escrito. Heisenberg se defendió y tuvieron una discusión muy desagradable. En una entrevista, dijo: "Recuerdo que al final me eché a llorar porque no podía entender a santo de qué me presionaba tanto Bohr". Éste insistía en que había que empezar por la dualidad onda-partícula; aquél replicaba que lo importante era lo que decían las matemáticas de la teoría cuántica. En cierto momento, Heisenberg le dijo a Bohr: "Tenemos un formalismo matemático consistente y éste nos dice todo lo que se puede observar. Nada hay en la naturaleza que no quede descrito por este formalismo matemático". Durante su paseo bajo las estrellas en el parque Tívoli, Heisenberg había decidido anteponer la teoría a todo lo demás. Esta frase expresa esa posición.

Por fin se pusieron de acuerdo (aproximadamente y con un grado de imprecisión compatible con las relaciones de indeterminación) cuando Bohr hizo ver a Heisenberg que sus relaciones no se podían deducir sin introducir en el tratamiento la longitud de onda de De Broglie, y que ésta, por ser una relación entre conceptos corpusculares y ondulatorios, era una expresión matemática de la dualidad onda-partícula. Al final Heisenberg publicó su artículo con una nota de agradecimiento al "pro-fesor Bohr", por haber compartido con él los resultados de investigacio-nes aún por publicar.

Una de las primeras conclusiones filosóficas que extrajo Heisenberg de sus relaciones es que el determinismo de la física clásica, que permite predecir la posición de un cometa, por ejemplo, con siglos de antelación es, en el fondo, una quimera. Las relaciones de indeterminación imponen un límite a la precisión con que se puede conocer la posición y la velocidad de un objeto en un instante dado, por lo tanto el futuro no se puede calcular exactamente a partir del pasado.

Anticipando con mirada preclara la gran cantidad de tonterías que se dirían más tarde (y que se siguen diciendo) acerca del "principio de incertidumbre", el físico estadounidense P. W. Bridgman escribió en 1929:

El efecto inmediato del principio de incertidumbre será desencadenar una verdadera orgía intelectual de razonamientos licenciosos y corruptos.

Ello se deberá a la incapacidad de entender en lo que vale el enunciado de que penetrar más allá de la escala del electrón carece de significado, y la tesis será que *en realidad* sí existe un dominio más pequeño, pero que el hombre, con sus limitaciones actuales, no está facultado para entrar allí [...]. La existencia de tal dominio será el fundamento de una bacanal de deducciones. Se dirá que es la sustancia del alma [...] y el medio a través del cual se transmite la comunicación telepática. Un grupo encontrará en el fracaso de la ley física de la causa y el efecto la solución del añejo problema del libre albedrío; el ateo, por su parte, justificará con ello su afirmación de que el azar rige al Universo.

Y así fue.

El principio de complementariedad de Bohr y las relaciones de indeterminación de Heisenberg, junto con todas las deducciones filosóficas que de ellos extrajeron sus autores, se conocen como *interpretación de Copenhague* o *interpretación ortodoxa* de la mecánica cuántica. Ninguna teoría física ha desatado más polémica que ésta, lo cual se debe a que nunca antes había sucedido que las matemáticas de una teoría física requirieran tanto esfuerzo de interpretación. Los elementos de la mecánica clásica —masas, posiciones, momentos, energías— tienen interpretaciones intuitivas y claras. Los campos electromagnéticos de la electrodinámica de Maxwell, aun siendo más abstractos, tampoco se prestan a mucha ambigüedad. Pero las funciones de onda y las matrices de las mecánicas cuánticas sí, y para el otoño de 1927 los miembros de la comunidad física mundial estaban listos para encontrarse en el ring.

8

En esta esquina...: el debate de la mecánica cuántica

El ring para el debate cuántico se montó en Bruselas, donde entre el 24 y el 29 de octubre de 1927 se llevaría a cabo la V Conferencia Solvay de física con el llamativo y provocador tema de "Electrones y fotones". Las conferencias Solvay se celebraban cada tres años y las patrocinaba el químico industrial (y millonario) Ernest Solvay, inventor de un proceso industrial para producir carbonato de sodio, sustancia que se usa en la producción de vidrio y jabón. Solvay había muerto en 1922, pero las conferencias siguieron.

Todos los físicos notables de la época fueron invitados a participar. En esta ocasión dos circunstancias añadían una nota de emoción a las conferencias. La primera era que la mecánica cuántica —la física de los electrones y los fotones— había llegado a la madurez con un éxito rotundo e inusitado en el terreno de las predicciones, pero muchas dificultades filosóficas relacionadas con la interpretación de sus elementos matemáticos. La segunda es que corrió la voz de que Einstein estaría presente.

Hacía ya muchos años que Einstein no contribuía directamente al desarrollo de la teoría cuántica. Se había decepcionado desde que empezaron a aparecer en la teoría las probabilidades y el fantasma de la acausalidad. Su desagrado no se debía a la aparición de probabilidades por sí mismas —también había probabilidades en la mecánica estadística, teoría que explica el comportamiento de los gases desde el punto de vista molecular—. Pero las probabilidades hasta entonces habían aparecido en la física cuando el problema era tan complicado que un tratamiento detallado, aunque posible, era muy difícil. Una moneda que gira suspendida en el aire antes de caer con una u otra cara hacia arriba está regida por la mecánica clásica y su destino está sellado desde el momento en que el dedo pulgar le propina el papirotazo que la pone en movimiento, pero precisar las condiciones iniciales del giro con suficiente exactitud como para predecir de qué lado caerá es tan difícil, que preferimos tratar el problema recurriendo a probabilidades para simplificarnos la vida. El comportamiento macroscópico de un gas se podría deducir de un análisis detallado del movimiento de sus componentes, molécula por molécula, pero la cantidad de información es tan grande (por lo menos hay que saber el valor de seis variables para cada una de los cuatrillones de moléculas que componen una muestra macroscópica de gas), que es imposible llevar a la práctica semejante programa. El problema se resuelve con estadísticas y probabilidades por la misma razón que las compañías de seguros y el INEGI recurren a estas técnicas, en lugar de averiguar cuándo se muere cada persona y cuántos hijos tiene cada pareja. Lo mismo hace el IFE con los conteos rápidos en las elecciones.

Pero en todos estos casos la probabilidad aparece porque somos demasiado flojos o ineptos como para tomar en cuenta todos los detalles. En el fondo, la probabilidad de que caiga águila o sol, las esperanzas de vida y el número promedio de hijos son consencuencia de parámetros que quedan ocultos debajo de los métodos estadísticos, pero que existen. En la mecánica cuántica, al decir de la mayoría de sus creadores, las probabilidades eran irreducibles, y eso era lo que fastidiaba a Einstein: que la naturaleza en la escala atómica fuera intrínsecamente azarosa.

En una carta muy famosa a Max Born, Einstein escribe una frase todavía más famosa. "La mecánica cuántica es imponente, sin duda", dice Einstein. "Pero una voz interior me dice que no es definitiva. La teoría dice mucho, pero no nos acerca al secreto del Viejo. Yo, al menos, estoy convencido de que *Él* no juega a los dados". Dos años antes, en una carta fechada el 29 de abril de 1924, Einstein le escribía a Born:

> No quisiera verme obligado a abandonar la causalidad estricta sin oponer más resistencia de la que he opuesto hasta ahora. Encuentro intolerable que un electrón sometido a la radiación decida por su propia voluntad, no sólo en qué momento saltar, sino también en qué dirección. Si fuera así, preferiría ser zapatero, o hasta empleado de casino, en vez de físico.

Einstein no estaba solo en esta posición; lo acompañaban nada menos que Planck, De Broglie y Schrödinger. Para la V Conferencia Solvay, Schrödinger preparó una exposición de la mecánica ondulatoria y De Broglie redactó un artículo en el que presentaba una interpretación causal y realista de las ondas ψ. Pero Einstein no preparó nada; asistió sólo como espectador.

Niels Bohr, por su parte, se pasó quién sabe cuántas semanas elaborando, puliendo y reescribiendo su presentación de la interpretación de Copenhague de la mecánica cuántica, en la que figuraban eminentemente el principio de complementariedad y sus primas, las relaciones de indeterminación. Bohr tropezaba al escribir tanto como al hablar. En cierta ocasión, cuando trabajaba con Rutherford en Manchester, le presentó a éste el borrador de un artículo. Rutherford le echó un vistazo y dijo: "Sería bueno no empezar todas las frases con 'sin embargo'". En esta ocasión Bohr quería poner especial cuidado en lo que iba a decir, porque le hacía mucha ilusión convencer a Einstein de que la interpretación de la mecánica cuántica que habían construido él y Heisenberg era consistente y completa.

"¿Qué dirá Einstein?" se preguntaban todos al iniciarse la sesión, el lunes 24 de octubre de 1927. La conferencia de De Broglie, en la cual el físico francés interpretaba las ondas ψ como ondas reales que dirigen a las partículas como una ola dirige a un surfista, no despertó gran interés. Es más, Wolfgang Pauli, a quien todos recurrían cuando querían críticas agudas de sus ideas, la despedazó sin piedad ni dificultad (y en francés, además).

En seguida Born y Heisenberg hablaron de la mecánica matricial y su interpretación. "El significado real de la constante de Planck", dijeron, "es éste: h constituye una medida universal del indeterminismo inherente a las leyes de la naturaleza debido a la dualidad onda-partícula". La conclusión de su conferencia expresa perfectamente el sentir de los allegados de Bohr, los miembros de la escuela de Copenhague: "Sostenemos que la mecánica cuántica es una teoría completa; sus hipótesis físicas y matemáticas fundamentales ya no son susceptibles de modificación". Y he aquí el tema central del debate de la mecánica cuántica: ¿es una teoría completa? Obsérvese que Born y Heisenberg *sostienen* que es completa, más no lo *demuestran*. ¿Qué quisieron decir?

La afirmación de Born y Heisenberg es mucho más que una simple declaración de que el formalismo matemático de la teoría ya no se iba a modificar. Los dos ponentes, y con ellos Bohr y el resto de la escuela de Copenhague, querían decir con esto que no había nada en la naturaleza que quedara fuera del ojo escrutador y omnisciente de la mecánica cuántica. Ya lo había dicho antes Heisenberg cuando publicó las relaciones de indeterminación: la naturaleza sólo ofrece situaciones experimentales compatibles con las premisas de la mecánica cuántica. Ese día, en Bruselas, Heisenberg y Born hicieron oficial esta posición. La mecánica cuántica era probabilista porque la naturaleza era fundamental e irreduciblemente probabilista. Los electrones sí decidían por sí solos en qué dirección saltar; no existía —decretaron Born y Heisenberg— ningún sustrato subcuántico en el que estuvieran ocultas las causas físicas del comportamiento aparentemente aleatorio de los átomos.

Einstein no dijo nada. Después de la conferencia de Bohr, que éste dirigió sobre todo a su amigo y principal contendiente, siguió sin decir nada. No fue hasta bien entrada la discusión posterior cuando Einstein por fin se decidió a hablar:

—Ofrezco disculpas por no haber profundizado en mecánica cuántica —dijo—. Con todo, me gustaría hacer algunas observaciones ge-nerales.

Einstein propuso un experimento. Imagínese que las ondas ψ asociadas a una partícula chocan con una placa fotográfica. La probabilidad de que la partícula se manifieste en un punto está dada por el valor del cuadrado de ψ en ese punto. Se hace el experimento y la partícula produce un puntito brillante en cierta posición de la placa fotográfica. Hay dos posibilidades, como en los chistes, o más bien dos puntos de vista desde los cuales considerar este experimento:

1) *La función de onda y es la descripción más completa posible de una sola partícula. Lo que no dice la mecánica cuántica no existe. (Ésta es la postura de la escuela ortodoxa.)*

Justo antes de manifestarse en una posición, la partícula, según este punto de vista, está presente, al menos en potencia, con la misma probabilidad en todos los puntos de la placa fotográfica. Pero cuando aparece en una posición específica —aquí y no allá—, la probabilidad de encontrarla en ese punto se hace igual a 1 (valor que corresponde a la certeza absoluta), mientras que se anula en el resto de la placa. El efecto de producirse el puntito brillante en la placa fotográfica es cambiar repentinamente la función de onda. ¿A qué puede deberse esta extraña acción a distancia de un punto sobre otros que pueden estar muy alejados? Y la cosa es peor, porque para evitar que la partícula pueda aparecer en otro punto al mismo tiempo, este "colapso" de la función de onda tiene que ser instantáneo. No *muy rápido*, tampoco *muy pero muy rápido* ni *rapidísimo*; tiene que producirse en todo el espacio exactamente al mismo tiempo, lo cual constituye una violación de un principio muy bien establecido de la teoría especial de la relatividad que dice que ningún efecto físico puede propagarse más rápido que la luz. Incluso a la luz le llevaría un tiempo llegar desde el punto donde se manifiesta la partícula al resto de la placa fotográfica. Si la función de onda es la descripción completa de una sola partícula no queda más remedio que concluir que este extraño efecto cuántico se propaga a velocidad infinita, como si el mundo cuántico no supiera qué es el espacio.

2) *Las ondas y no representan a una sola partícula, sino a un enjambre de partículas sometidas todas a las mismas condiciones. La mecánica cuántica es sólo una descripción estadística del comportamiento de las partículas, y por lo tanto, no es completa.*

Con este punto de vista, la función de onda ψ no dice nada acerca del resultado de una sola observación o un solo experimento, sino de un gran número de experimentos iguales. El cuadrado de ψ no es la probabilidad de que *una* partícula se encuentre en distintas posiciones, sino la proporción de partículas del total del conjunto que se encontrarán en cada posición. Si el experimento de lanzar una moneda al aire se hace con un millón de monedas, el que la probabilidad de que salga águila o sol sea igual a 1/2 quiere decir, simplemente, que alrededor de la mitad de las monedas caerán en águila y alrededor de la mitad en sol. El hecho de que la partícula se manifieste en un punto de la placa y no en otro no tiene nada de misterioso: una sola moneda lanzada al aire siempre dará uno y sólo uno de los dos resultados posibles aunque la probabilidad de cada resultado sea 1/2. Con esta interpretación no es necesario que la función de onda se reduzca instantáneamente cuando se observa la partícula porque ψ está asociada al comportamiento estadístico de un conjunto muy numeroso de partículas, no a una sola. La mecánica cuántica en ese caso sería una especie de mecánica estadística del mundo atómico, que pasa por encima de los detalles de un universo subcuántico —invisible para la mecánica cuántica— donde podrían estar ocultas las variables que restituyen el determinismo y la causalidad al comportamiento de los átomos y las partículas subatómicas.

Vistas así las cosas, las relaciones de indeterminación de Heisenberg no se refieren a la posición y el momento de una sola partícula, sino sólo a los promedios y dispersiones de las posiciones y momentos de un conjunto muy numeroso de partículas, y no implican de ninguna manera que la partícula individual no tenga posición y momento bien definidos.

Ambos puntos de vista están basados en la misma formulación matemática de la mecánica cuántica, por lo que comparten los éxitos de ésta en el terreno de la predicción de resultados experimentales.[21]

---

21. La prueba experimental de las predicciones exige en todos los casos hacer un número estadísticamente significativo de experimentos, por lo que, desde el punto de vista operativo, las cosas no cambian si se adopta una u otra interpretación.

En principio, decidirse por una o la otra es una cuestión de gusto personal. Es más, se ha alegado que la interpretación acausal de Heisenberg y Bohr fue producto de una moda filosófica que se impuso entre los intelectuales alemanes a raíz de la derrota de la primera Guerra Mundial, que consistía en parte en rechazar el realismo de las ciencias, y en particular la causalidad.

En los días que siguieron, Bohr y Einstein se enfrascaron en un interesantísimo debate. Einstein atacaba proponiendo algún experimento con el cual pensaba que se podían medir posiciones y momentos simultáneos con más precisión de la que permiten las relaciones de indeterminación de Heisenberg. Bohr rebatía —al día siguiente, después de mucho reflexionar— mostrando que el experimento de Einstein contenía algún error.

Al final, Einstein se convenció de que la interpretación de Copenhague de la mecánica cuántica era internamente consistente; su estructura lógica no contenía contradicciones. Pero no se convenció de que fuera la teoría más completa posible de los fenómenos atómicos. El edificio era sólido, pero estaba construido sobre fundamentos inestables. Durante el decenio de los 30, Einstein dejó en paz la consistencia de la interpretación de Copenhague y se dedicó a atacar la idea de que era completa.

La V Conferencia Solvay terminó en derrota para Einstein y los otros partidarios del determinismo y la causalidad, pero sólo si pensamos que estas cosas se deciden por votación (¿y por qué no echando un volado o contando "de tin marín de do pingüé"?). La gran mayoría de los participantes se adhirieron a la escuela de Copenhague. Incluso De Broglie y Schrödinger se sintieron durante un tiempo obligados a re-nunciar al determinismo y la causalidad, y a aceptar el decreto de "completez" de la mecánica cuántica que habían promulgado Born y Heisenberg.

Pero Einstein persistió. La discusión entre los dos titanes siguió hasta la muerte de Einstein, el 18 de abril de 1955, e incluso después. En su mente, Bohr seguía discutiendo con Einstein, sometiendo a la consideración de su fantasma nuevas formas de probar que la mecánica cuántica es completa. Bohr murió el 18 de noviembre de 1962. El último dibujo que dejó en su pizarrón era uno de los experimentos conceptuales que Einstein había propuesto para demostrar lo contrario, hacía más de 30 años.

Misterios cuánticos

*Era como una mujer en un cuadro de Leonardo da Vinci, a la cual
amamos no tanto por sí misma, sino por las cosas que calla. Sin duda, se
trata de cosas que no son de este mundo; ninguna mujer pintada por
Leonardo da Vinci podría tener "historia", una cosa tan vulgar.*
E. M. Forster, Una habitación con vista.

A los pocos meses de nuestra visita al Ajusco para ver
el cometa Halley se celebró el Campeonato Mundial
de Fútbol en México y Alejandro, que es un aficionado
empedernido, me invitó a ver un partido en el estadio
Azteca. Era el de México contra Irak y el estadio estaba a reventar. Un tipo gordo con un sombrero gigantesco y la panza
pintada de verde, blanco y rojo se paseaba jalando con una cuerda a
otro disfrazado de árabe, para regocijo de todos los presentes.

Mientras esperábamos a que empezara el partido una pavorosa ondulación de gente se formó del otro lado del estadio y empezó a avanzar hacia donde estábamos nosotros con paso tan majestuoso como inexorable. Nos pusimos de pie con las manos en alto, vociferamos y nos sentamos. La ola pasó de largo y dio varias vueltas más.[22]

La ola es un espectáculo impresionante. Cada participante contribuye con el proverbial granito de arena (metáfora de lo más adecuada, tratándose de una ola) y la suma de todas estas contribuciones individuales alimenta la onda. Para un neófito como yo aquello fue una experiencia interesantísima.

Y para un estudiante de física como yo fue más interesante aún. Subiendo y bajando al ritmo de las marejadas humanas, me puse a pensar en las ondas ψ de la mecánica cuántica y su relación con las partículas. En eso empezó el partido e interrumpió mis elucubraciones. Como además ganamos, en la noche nos fuimos a celebrar al Ángel de la Independencia y no volví a pensar en el asunto.

Fue unas semanas más tarde, en clase de mecánica cuántica, cuando resurgieron mis reflexiones futboleras. Lo que las despertó fue el famoso *experimento de las dos rendijas*.

Una ráfaga de electrones se lanza sobre una pared en la que hay dos rendijas paralelas muy juntas. Del otro lado se pone un detector —por ejemplo, una buena placa fotográfica en la que queda registrada la llegada de cada electrón con un puntito brillante.

Si en lugar de electrones bombardeamos las rendijas con una pistola de arena (patente en trámite), y en lugar de placa fotográfica ponemos papel matamoscas para que los granos de arena se queden pegados,

---

22. La ola ya es famosa internacionalmente. Acaba de visitarnos, en Universum, un representante del museo de ciencias australiano Questacon. Al ver uno de nuestros equipamientos para generar ondas nos contó que ellos tenían uno igual y que le llamaban *the Mexican wave* por las olas que los fánaticos mexicanos hacen en los estadios.

veremos que los granos de arena se acumulan sobre todo enfrente de la rendija por la que pasaron. Grafiquemos la cantidad de granos de arena que cae en cada posición. Lo que obtenemos es un par de barras rectangulares (o casi), una frente a cada rendija:

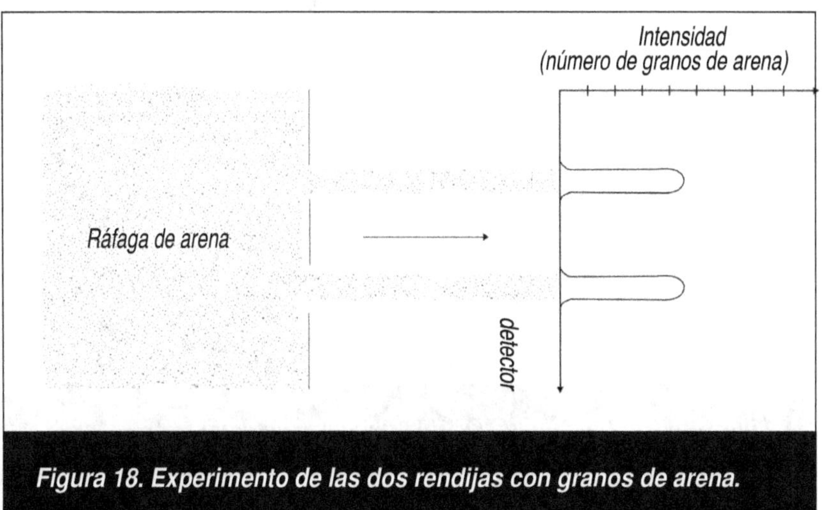

Figura 18. Experimento de las dos rendijas con granos de arena.

La placa no afecta para nada a los granos de arena que pasan por las rendijas: los que pasan pasan y los que no, no. Los granos de arena son partículas clásicas que se comportan como mandan las buenas costumbres newtonianas.

Si en lugar de arena hacemos el experimento con ondas —por ejemplo, ondas de luz de un solo color—, al fondo veremos aparecer, en lugar de un rectángulo frente a cada rendija, una colección de crestas, que corresponden a las posiciones en que las ondas llegan con más intensidad, y de valles, correspondientes a intensidades bajas o nulas. En la placa fotográfica estos máximos y mínimos de intensidad se verán como un patrón de franjas brillantes y franjas oscuras. El efecto se debe a que las aberturas se comportan como fuentes de ondas muy juntas, y las ondas interfieren cuando salen de fuentes muy juntas con la misma frecuencia. Lo que se ve se parece a esto:

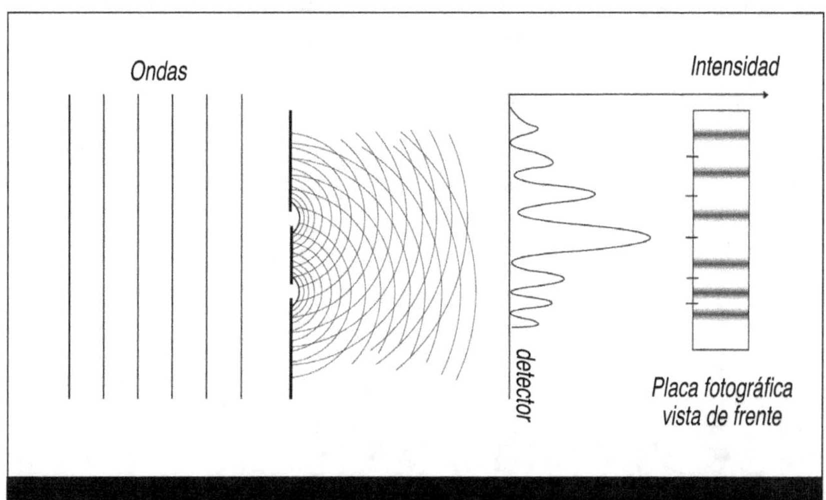

Figura 19. Experimento de las dos rendijas con ondas.

¿Qué pasa cuando hacemos el experimento con electrones? ¿Se comportan como la arena o como las ondas? Ya lo dijo J. J. Thomson, y lo dijo a voz en cuello: los electrones son partículas, por lo que deberíamos esperar ver dos máximos, en este caso, dos franjas muy brillantes, una frente a cada rendija. Sin embargo, cuando hacemos el experimento lo que vemos es un patrón de interferencia. Ya lo dijo De Broglie, y lo dijo a voz en cuello: los electrones son ondas.

Si hacemos el experimento cuidándonos de lanzar los electrones uno por uno, lo que vemos es que empiezan a aparecer puntitos sobre la placa fotográfica, uno aquí, otro allá, al azar. El comportamiento de cada electrón es caótico y no parece haber manera de predecirlo. Sin embargo, al rato empieza a precisarse una imagen nítida. ¡Sorpresa! Es un patrón de interferencia.

Para hacer las cosas más interesantes repitamos el experimento, pero hagámoslo de la siguiente manera, a ver qué pasa: nos ponemos en contacto con 10,000 laboratorios de todo el mundo y les pedimos que repitan nuestro experimento con un solo electrón y que nos envíen su placa fotográfica. Además les pedimos que hagan el experimento cuando quieran. Pasan los años y vamos recibiendo placas fotográficas de distintos laboratorios, cada una con un puntito en el sitio donde cayó el electrón. Cuando sobreponemos todas las placas... ¡sorpresa! Vuelve a aparecer el patrón de interferencia.

—Si se ponen a pensarlo, esta noche no duermen —nos dijo el doctor Luis de la Peña, nuestro profesor de Física Teórica IV, con una sonrisa entre irónica y amarga (en su clase, por suerte, no era tabú preguntarse acerca del significado físico de las cosas).

La relación entre partículas y ondas parece ser ésta: el aspecto ondulatorio describe el comportamiento estadístico de las partículas. Cada electrón individual tiene un comportamiento al azar; no podemos saber qué va a hacer, pero en conjunto los electrones siguen reglas —las de la mecánica cuántica— y su comportamiento estadístico sí se puede predecir.

Lo que sigue es una variación sobre el tema del experimento de las dos rendijas, que nos servirá para poner de manifiesto otros misterios del comportamiento cuántico.

Una horda de electrones embravecidos entra en escena por la izquierda.[23] Estos electrones tienen asociadas dos variables, cada una de las cuales puede tomar sólo dos valores, para simplificar. Digamos, por ejemplo, que la propiedad p puede tomar los valores *blanco* o *negro*, y que la propiedad q puede tomar los valores *tonto* o *listo*; y supon-

---

23. Pero los resultados valdrán para cualquier tipo de partícula, incluso, como se ha demostrado recientemente, para moléculas de C_{60}, que son conjuntos de 60 átomos de carbono en forma de pelota de fútbol llamados *futbolenos*.

gamos que p y q están ligadas por una relación de indeterminación de Heisenberg. Eso quiere decir que podemos idear un experimento para medir si los electrones son blancos o negros, o bien si son tontos o listos, pero no podemos determinar si son blancos y tontos, o blancos y listos, ni negros y tontos, o negros y listos.

¿No podemos? Supongamos que partimos el escenario en tres. Primero, los electrones pasan por una puerta que sólo deja pasar electrones negros, una especie de filtro que selecciona un solo valor de la variable p. Al pasar quedan únicamente electrones negros. Muy bien, hemos fijado el valor de la propiedad p (negro/blanco) con toda precisión.

Como nos creemos muy listos, ahora ponemos otro filtro que selecciona electrones de acuerdo con la propiedad q (listo/tonto). Supongamos que deja pasar únicamente a los electrones listos, como los exámenes de admisión. El sentido común —y quizá el manual de buenas maneras de los electrones clásicos— indica que después de las dos puertas tendremos una colección de electrones negros y listos. Pero si hacemos el experimento observaremos una cosa muy extraña: los electrones que quedan del lado derecho del escenario son todos listos, sí, ¡pero la mitad son negros y la mitad son blancos! Misterio cuántico.

Heisenberg (*irrumpiendo en escena*): ¡Ni hablar de misterio!

A (*completamente pasmado*): ¡Profesor Heisenberg! ¿Qué hace usted aquí?

H: Ah, pues...je, je... misterio cuántico, digamos. Pero con los electrones nada de misterio: ya lo había dicho yo; lo único que han logrado con su experimento es confirmar mi principio de indeterminación.

A: Cierto. Al final no hemos podido determinar al mismo tiempo p y q.

H: Lo que sucede es que, como p y q están sujetas a una relación de indeterminación, medir q altera el valor de p y viceversa, de una manera incontrolable. En este caso, que se puede ver como una medición de q (listo/tonto) entre dos mediciones de p (blanco/negro), lo que ha ocurrido es que precisar q hace que se dispersen los valores de p. Pero cuénteles a sus lectores la parte más interesante del experimento.

A: ¿Se refiere al caso en que el segundo filtro manda a los electrones tontos a la izquierda y a los listos a la derecha?

H: A ése mismo.

A: ¿Está usted seguro de que...?

H: Usted quería hablar de misterios cuánticos, ¿no?

Ahora los electrones que pasan por el filtro q (listo/tonto) se dividen en listos y tontos, y supongamos que los listos salen por la derecha del escenario, los tontos por la izquierda, y luego se reúnen en camerinos, detrás del escenario. Analicemos la situación. Una muestra aleatoria de electrones pasa por un filtro que elimina electrones blancos y deja pasar electrones negros. Éstos se separan en listos y tontos y luego se reúnen tras bambalinas. ¿Qué encontramos al final?

L: Pues me imagino que un camerino lleno de electrones negros.

H: Pero lo mismo hicimos en el primer experimento, ¿se acuerda? Pasaban primero por el filtro que escogía a los negros y luego por el filtro que escogía a los listos. Al volver a medir p (blanco/negro) encontrábamos que sus valores se habían distribuido: la mitad de los electrones eran blancos y la mitad negros.

L: Entonces encontramos un camerino con la mitad de electrones negros, la mitad blancos, pero todos listos.

H: No. Encontramos un camerino lleno de electrones negros, como dijo usted al principio.

L: Sí, pero ahora no entiendo por qué. ¿Cuál es la diferencia entre este experimento y el primero?

A: La diferencia es que en este experimento los electrones llegan a la medición final (que se lleva a cabo en los camerinos) por dos trayectorias distintas. En vez de eliminar a los tontos, los juntamos nuevamente con los listos.

L: ¿Y qué? Debido a que la medición de q (listo/tonto) distribuye los valores de p (blanco/negro) como en el primer experimento, los electrones listos, al salir del filtro q, deberían ser la mitad blancos y la mitad negros, independientemente de los electrones tontos, que también serán la mitad blancos y la mitad negros. Después de todo, podríamos haber puesto detectores p en ambas salidas del escenario y la situación hubiera sido equivalente al primer experimento. En camerinos tendríamos de todos modos la mitad de electrones blancos y la otra mitad negros.

A: Pero NO pusimos esos detectores. Simplemente juntamos los listos y los tontos sin medir nada.

L (*volviéndose hacia el autor*): ¿Y eso qué?

A (*volviéndose hacia Heisenberg*): Exacto, ¿y eso qué?

H: Misterio cuántico. En mi opinión, son las mediciones las que afectan los resultados. Si no hay mediciones que pretendan precisar los valores de ambas variables a la vez, los resultados no se alteran. Es más, supongamos que ahora impedimos que los electrones tontos lleguen a camerinos cerrándoles la salida del escenario...

A: ...o metiéndoles el pie para que se caigan...

H: ...pero no alteramos nada más. ¿Qué encontramos en los camerinos?

L: Vamos a ver: del primer filtro salen electrones negros, del segundo salen electrones listos y tontos que salen por la derecha unos, por la izquierda los otros, y se reúnen en camerinos, pero ahora se impide llegar a los tontos. El resultado tendría que ser un camerino lleno de electrones negros y listos...

H: ...pero mis relaciones de indeterminación lo prohíben terminantemente...

L: Por lo tanto, al volver a medir p encontramos que la mitad de los electrones son blancos y la mitad son negros. ¿Es eso?

H: Me temo que sí.

A: Yo también me temo que sí.

El experimento de las dos rendijas proporciona los mismos resultados experimentales (estadísticos) si lanzamos los electrones uno por uno. En la interpretación ortodoxa de la mecánica cuántica la función de onda que se calcula resolviendo la ecuación de Schrödinger es la descripción más completa posible de una sola partícula o de un solo sistema cuántico. En consecuencia, lo que no se pueda leer en ψ no existe. Como ψ no contiene información acerca de la trayectoria que sigue cada electrón individual —sólo de la probabilidad de que caiga en distintas regiones de la placa fotográfica—, hay que concluir que el electrón no tiene trayectoria definida. Es más, como en ψ está codificado el patrón de interferencia que se formará si las dos rendijas están abiertas y como el patrón representa la historia integrada de todas las trayectorias posibles (ψ es la historia de todas las historias), los copenhaguianos dicen que un solo electrón sigue, en cierta forma, todas las trayectorias posibles.

Sucede una cosa semejante en toda situación —todo experimento imaginable o realizable— que implique más de un final posible: echar un volado, jugar a los dados, desintegrarse un núcleo, hacer palomitas, meter un gato en una caja (¿meter un gato en una caja?). La función de onda ψ que describe el resultado del experimento será un álbum de biografías, un florilegio de destinos, pero no contendrá información acerca de cómo llega hasta su destino particular un sistema individual. Por lo tanto, dicen los copenhaguianos, el sistema individual no tiene historia... o las tiene todas.

Sin embargo, como hizo notar Einstein en la V Conferencia Solvay, cuando se hace el experimento con un solo electrón (moneda, dado, núcleo, grano de maíz, gato... ¿gato?), éste se manifiesta en un solo punto de la pantalla. En general, en cualquier experimento, por más estados posibles que haya, cuando por fin miramos para ver qué pasó, recogemos un solo resultado entre todos los posibles.

¿Cómo compaginar esto con la amplia antología de posibilidades que contiene una función de onda? Al manifestarse el electrón en la posición específica x, ni hablar de que siga estando presente en potencia en y. Según la escuela de Copenhague, al efectuarse la medición —en general, al manifestarse el resultado final del experimento—, la función de onda pasa repentina y discontinuamente de contener todos los resultados posibles a contener sólo uno (el que obtuvimos), como si de una mano de cartas la medición escogiera una sola. El efecto de la observación en la interpretación ortodoxa de la mecánica cuántica es reducir la función de onda, con el consiguiente problema de la propagación instantánea del colapso por toda la región en la que impera esa función de onda, en contradicción con la teoría de la relatividad.

Antes de la medición, dicen los copenhaguianos, el sistema no tiene un estado definido porque su función de onda es un florilegio de estados. Se dice, en lenguaje técnico, que el sistema se encuentra en una *superposición de estados coherentes*: el electrón recorre todas las trayectorias posibles entre las rendijas y la placa fotográfica, la moneda —si no hemos mirado— no está ni en águila ni en sol, sino en ambos estados a la vez, el dado antes de levantar el cubilete se encuentra en sus seis estados posibles y el grano de maíz es al mismo tiempo palomita... hasta que miramos y con nuestra mirada, como por arte de magia, reducimos la función de onda.

L: ¿Y el gato?

A: El gato me lo estaba reservando para este momento.

Ha llegado la hora de hablar de felinos cuánticos. La idea es de Schrödinger, y la propuso en 1935 como crítica a la interpretación de Copenhague. Como muchos de los experimentos conceptuales (o pensados: experimentos que no se tienen que llevar a la práctica para revelar aspectos interesantes del marco teórico en el que se formulan) que idearon los adversarios de la interpretación ortodoxa, el experimento del gato de Schrödinger consiste en amplificar un efecto cuántico al mundo macroscópico para mostrar un lado aparentemente absurdo de esta interpretación.

La parte macroscópica del experimento es un pobre gato metido en una caja junto con un dispositivo que puede abrir un frasco de cianuro y matarlo. La parte cuántica es un átomo de algún elemento radiactivo que tenga una probabilidad de 50% de desintegrarse en el lapso de una hora. Cuando se produce la desintegración —si se produce—, se activa el dispositivo gaticida y la consecuencia es la irreparable pérdida de Micifuz, que en paz descanse.

Pero un solo átomo puede desintegrarse o no desintegrarse en el lapso promedio de una hora, como las palomitas. Al cabo de una hora el átomo se encontrará en una superposición de dos estados posibles: 1. *Se produjo la desintegración* y 2. *No se produjo la desintegración*. Según la intepretación ortodoxa el átomo no está ni en uno ni en otro, sino en los dos y en ninguno. Que un átomo pueda estar en semejante estado de indecisión puede que no le quite a usted el hipo. El problema es que, como el átomo y el gato están acoplados mediante este dispositivo experimental, la descripción cuántica se puede extender al gato. La pregunta de Schrödinger es: al cabo de una hora y antes de abrir la tapa de la caja y ver el resultado, ¿el gato está vivo o está muerto? Bohr y sus allegados dirían que el gato no está ni vivo ni muerto antes de hacer la observación, sino que se encuentra en una superposición de los estados vivo y muerto. ¡Pobre animal!

Con la interpretación alternativa que propuso Einstein, según la cual ψ describe un gran número de experimentos preparados de la misma manera y la probabilidad de obtener un resultado entre varios posibles es simplemente la proporción del total de experimentos que culminan con este resultado, no hay necesidad de que ψ se reduzca. De mil millones de gatos puestos en esta incómoda situación, al cabo de una hora 500 millones, más o menos, estarán muertos y 500 millones estarán vivos. El destino de uno solo de estos pobres bichos no afecta para nada este resultado estadístico.

El ataque más célebre que Einstein dirigió a la idea de que la mecánica cuántica fuera la teoría más completa posible del comportamiento de las partículas microscópicas es el experimento pensado que elaboró con los físicos Boris Podolsky y Nathan Rosen, razón por la cual se le conoce como experimento EPR o, si uno quiere ser ortodoxo y rechazar sus conclusiones, "paradoja" EPR.

Para simplificarlo nos imaginamos un aparato que produce pares de fotones con una propiedad que sólo puede tomar dos valores; tomemos la propiedad q (listo / tonto) de los electrones que usamos en el experimento de las dos rendijas modificado. Podríamos distinguir a los fotones en cada estado llamándolos "tontones" y "listones".

Hay una ley de la naturaleza muy general que dice que siempre que se produce un par de fotones, uno tiene que ser listo y el otro tonto. Los fotones no saben estarse quietos, de modo que en cuanto se produce el par, salen disparados en direcciones opuestas.

Si adoptamos sin miramientos la interpretación ortodoxa, no nos queda más remedio que concluir que, mientras nadie interponga un detector de listones y tontones en el camino de nuestras partículas, cada una se encuentra en un estado superpuesto listón / tontón. Ahora bien, si interceptamos a una de las partículas y efectuamos sobre ella una medición, podremos determinar si es listón o tontón, y en ese caso sabremos también, de inmediato y sin tocarla, la naturaleza de la otra partícula —y eso aunque haya transcurrido tiempo suficiente para que los fotones hermanos se encuentren en lados opuestos de la galaxia.

En la física clásica esto no tendría nada de raro, pero según la interpretación ortodoxa, antes de la medición las partículas no tienen estado definido de la propiedad q. Así, al medir la propiedad q de uno de los fotones y determinar, por ejemplo, que es un listón, el otro adquiere en ese instante un estado definido de la variable q (es un tontón), aunque se encuentre a miles de años luz.

Vayamos un poco más despacio: si los fotones fueran objetos clásicos no nos cabría la menor duda de que, antes de efectuar la medición, cada uno *ya tenía* un estado de q bien definido, aunque no supiéramos cuál es. Al medir el estado de uno sabríamos de inmediato el del otro, sí, pero eso no implicaría ninguna interacción entre ambos. Según Bohr y compañía, en cambio, la medición sobre una partícula tiene el efecto de determinar el estado q de la otra instantáneamente, como si los dos fotones fueran uno solo, o estuvieran enredados con un lazo que no sabe de distancias, como el amor.

La crítica original de Einstein, Podolsky y Rosen iba más bien así: 1) Una teoría es completa si describe todos los aspectos de la realidad de las cosas. 2) Una propiedad es elemento de la realidad si se puede determinar con toda certeza sin tocar a las cosas. 3) Como el estado q del segundo fotón se puede determinar con toda certeza sin hacerle ni cosquillas, es un elemento de la realidad. 4) Como la mecánica cuántica no permite ni que se mencione el estado q del segundo fotón antes de efectuar sobre él una medición, no describe todos los elementos de la realidad asociados con las partículas, y por lo tanto no es completa.

El argumento de EPR causó revuelo entre los físicos. Bohr replicó de inmediato, atacando, no la consistencia lógica del argumento, que era intachable, sino sus suposiciones, sobre todo el criterio por medio del cual Einstein, Podolsky y Rosen decidían qué era y qué no era un elemento de la realidad física. "La contradicción aparente revela sólo que el punto de vista habitual de la filosofía natural es esencialmente inadecuado para representar racionalmente los fenómenos físicos del tipo de los que se encuentran en la mecánica cuántica", escribió Bohr. Siguió un verdadero diluvio de cartas a los editores y artículos contra el argumento EPR, al que sus adversarios acabaron tildando de "paradoja". Pese a las críticas, Einstein, Podolsky y Rosen nunca se convencieron de que su argumento hubiera sido rebatido.

Amor subcuántico

Naturalmente que estábamos todos allí —dijo el viejo Qfwfq— ¿y dónde, si no? Que pudiese haber espacio, nadie lo sabía aún. Y el tiempo, ídem: ¿que querían que hiciéramos con el tiempo, allí apretados como sardinas? Italo Calvino, "Todo en un punto".

La mecánica cuántica —sin importar cómo la interpretemos: a la Copenhague, o a la Einstein— sólo permite obtener resultados en términos de probabilidades. Un caso típico es la desintegración radiactiva de un núcleo atómico inestable como el que prescribió Schrödinger para su experimento nefando. Los átomos de los elementos radiactivos tienen tantos protones y neutrones en el núcleo que se desbordan. Las fuerzas nucleares que los mantienen unidos alcanzan apenas a retener a todas estas partículas y algunas consiguen escapar. La mecánica cuántica no dice en qué momento se producirá una desintegración radiactiva. Un átomo aislado puede desintegrarse en el próximo segundo, o dentro de diez minutos. Lo que sí nos da la mecánica cuántica es la probabilidad de que el núcleo se desintegre en un lapso dado (vistas las cosas a la Copenhague), o bien, la proporción de átomos de una muestra que se desintegrarán en ese lapso (con la interpretación estadística de Einstein). Es como una teoría de las palomitas de maíz: no sabemos cuándo va a reventar un grano específico, pero sí sabemos que casi todos habrán reventado al cabo de unos cinco minutos.

En el cuento "Funes, el memorioso", el escritor argentino Jorge Luis Borges narra la historia de un individuo con una memoria prodigiosa. Ireneo Funes lo recuerda todo. Una vez que ha visto un objeto —digamos, un árbol—, Funes lo recuerda con todos sus detalles: aquel árbol tenía una rama así y otra asá, a tal altura y torcida en tal dirección, y las hojas estaban dispuestas de tal manera precisa. Para Funes el memorioso dos árboles, aunque sean de la misma especie, son tan distintos que no entiende por qué habrían de designarse ambos con el mismo nombre. Imposible así formar categorías de objetos y conceptos abstractos. Hasta el lenguaje debería de presentar obstáculos insalvables para este personaje. El don de la memoria de Funes es también una maldición.

Nosotros, los mortales comunes, hemos sido favorecidos con la facultad de la amnesia. Podemos pasar por alto los detalles precisos de la configuración de las hojas de un árbol y eso nos permite reconocer que éste y aquél son ambos pinos, aunque difieran en los detalles. Estamos facultados para reconocer la regularidad estadística. Y qué bueno, porque si no sería complicadísimo ponerles nombre a las cosas. No sólo tendrían nombre las especies: cada árbol individual tendría que llamarse distinto.

Los árboles y las palomitas de maíz pueden considerarse objetos clásicos en el sentido de que no es necesario recurrir a la mecánica cuántica para estudiarlos. En el mundo clásico las diferencias de detalle entre un árbol y otro, o un grano de maíz y otro tienen causas específicas. Una pompa de jabón dada revienta en tal instante porque la película jabonosa se hizo tan delgada en algún punto que ya no soportó la presión. El adelgazamiento de la película de jabón tiene, asimismo, una causa. Estudiamos estos fenómenos estadísticamente porque para estudiarlos en detalle habría que tener en cuenta un número inmenso de variables, así como su evolución temporal —una tarea para Funes el memorioso.

El análisis estadístico es perezoso y tiene mala memoria. Glosa los detalles. Es una especie de paráfrasis de la naturaleza. Es ciego a las variables que afectan el momento preciso en que revienta el grano de maíz, o que le dan a un árbol su forma. Pero en el mundo macroscópico sabemos que esas variables existen aunque estén ocultas.

El caso de la desintegración radiactiva, en cambio, es propiamente cuántico. Si aceptamos, con Bohr y Heisenberg, que la mecánica cuántica es la teoría más completa posible de los fenómenos atómicos individuales, tendremos que concluir que la desintegración de un núcleo radiactivo ocurre porque sí, sin que medie causa alguna. La interpretación ortodoxa de la mecánica cuántica niega de entrada la posibilidad de buscar variables ocultas que determinen en qué momento se desintegra cada núcleo. Para los copenhaguianos, la naturaleza en la escala más peque-ña es esencial e irreduciblemente probabilista y acausal.

La interpretación estadística que propuso Einstein en la V Conferencia Solvay, en cambio, sí admite las variables ocultas. En general, está abierta a la posibilidad de construir una teoría más fundamental que la mecánica cuántica y que explique de una manera causal el comportamiento cuántico de la materia: lo que se conoce como una teoría de *variables ocultas*. La interpretación estadística admite teorías de variables ocultas, pero no es necesaria para que existan. Lo que está en juego cuando uno opta por una interpretación de la mecánica cuántica no es si ψ describe a una sola partícula o a un conjunto estadístico de partículas idénticas, sino si la mecánica cuántica es la teoría más completa posible o no; es decir, si existen las variables ocultas o no. Por eso en adelante llamaremos *interpretación de variables ocultas* a la posición opuesta a la ortodoxa.

Entre 1930 y 1950, más o menos, la interpretación ortodoxa reinó sin rivales entre la mayoría de los físicos. El argumento EPR y el experimento del gato de Schrödinger habían puesto a pensar a la comunidad, pero la verdad es que pocos físicos, hoy como ayer, tienen paciencia para meter las manos en las aguas cenagosas de los fundamentos filosóficos de su disciplina, y la gran mayoría dio por sentado que Einstein y los deterministas habían perdido. La mecánica cuántica era una teoría completa, y por lo tanto no había variables ocultas.

A la cristalización de la opinión en favor de la interpretación de Copenhague contribuyó un matemático húngaro llamado John von Neumann. Von Neumann estudió ingeniería química, pero al año siguiente de recibirse obtuvo el doctorado en matemáticas. "Johnny", como lo apodarían más tarde sus colegas del Instituto de Estudios Avanzados de Princeton, del cual fue profesor desde 1933, no podía tener quieto el cerebro ni un instante. Contribuyó a las matemáticas puras y aplicadas, a la mecánica cuántica, a la economía (es el creador de la teoría de juegos y el teorema minimax), y por si fuera poco, a fundar las ciencias de la computación.

En 1932, "Johnny" demostró —o más bien creyó demostrar— un teorema según el cual no era posible construir teorías de variables ocultas que reprodujeran todos los resultados de la mecánica cuántica. El teorema de Von Neumann contribuyó a la causa de la interpretación ortodoxa, y con buena razón: los éxitos de la mecánica cuántica —que había permitido descifrar el enigma de los espectros y la estructura atómica, la física del núcleo, los caprichos de la radiación electromagnética, los secretos de los sólidos, y que había revelado nuevas partículas elementales que después se detectaron experimentalmente—, tenían deslumbrados a los físicos. Si las teorías de variables ocultas no podían reproducir los resultados de la mecánica cuántica, ¿para qué las queríamos? Entre la causalidad y el tesoro de resultados cuánticos los físicos optaron por éste último, ¿y quién podría reprochárselo? De modo que cuando Einstein, Podolsky y Rosen publicaron su argumento contra la "completez" de la mecánica cuántica y Schrödinger propuso su experimento pensado del gato, aunque causaron revuelo, no convencieron a muchos.

Un teorema es un edificio. Se construye sobre los cimientos de ciertas suposiciones con el cemento de la lógica. Si el cemento es sólido el teorema tiene consistencia interna; si además los cimientos son firmes, el teorema se sostiene. El teorema de Von Neumann es internamente consistente, pero en los cimientos contiene una suposición que limita su validez. No es suficientemente general, y por lo tanto no proscribe *todas* las teorías de variables ocultas.

De hecho, ya desde 1927 De Broglie había presentado en la V Conferencia Solvay una interpretación de la ecuación de Schrödinger que era una especie de teoría de variables ocultas. Para De Broglie, las ondas ψ eran un fenómeno físico real y no excluían a las partículas, como implica el principio de complementariedad de Bohr. En esta interpretación, las partículas seguían siendo partículas, pero coexistían con las ondas ψ, las cuales las guiaban como la ola al surfista y daban lugar al comportamiento cuántico. De Broglie llamó a su interpretación la *teoría de las ondas piloto*, o *teoría de la doble solución*, porque las ondas extendidas y las partículas localizadas eran ambas soluciones de la ecuación de Schrödinger. Pero, como hemos visto, Pauli destazó la teoría de De Broglie y éste, derrotado, se sintió obligado a abandonarla y a adherirse a la interpretación de Copenhague.

Una de las épocas más oscuras para la libertad en el país que se llama a sí mismo "la tierra de la libertad" se inició en febrero de 1950, cuando el senador Joseph McCarthy, que siempre había estado calladito y quietecito en su rinconcito, se hizo famoso de la noche a la mañana al declarar en público que había 205 agentes comunistas infiltrados en el Departamento de Estado de su país. Con eso empezó una era de investigaciones, acusaciones e impugnaciones de gente inocente dignas de la Inqui-sición o de las peores épocas del régimen de José Stalin (¡qué curioso!, ¡son tocayos!) en la Unión Soviética. Había que cuidarse hasta de los vecinos, no fuera que lo acusaran a uno de comunista.[24]

Una de las víctimas de esta época tan bonita fue un joven físico llamado David Bohm, quien se negó a declarar ante el senado, el cual, al no poder acusarlo de comunista, lo acusó de desacato. La Universidad de Princeton, donde Bohm daba clases, lo expulsó y le prohibió volver a pisar los terrenos de la universidad. En 1951, Bohm se fue a Brasil, donde las autoridades de su país (la tierra de la libertad, no lo olvidemos) lo obligaron a entregar su pasaporte. Luego de trabajar en Israel, Bohm se estableció permanentemente en Inglaterra. No es difícil imaginar por qué, pese a que más tarde se levantaron los cargos en su contra, no regresó a vivir a Estados Unidos.

A raíz de una conversación con Einstein, Bohm había rechazado la interpretación ortodoxa de la mecánica cuántica. En 1952 publicó una interpretación determinista aderezada con una teoría de variables ocultas que hacía precisamente lo que prohibía el teorema de Von

---

24. ¡Y pensar que hay quien añora los años 50 en Estados Unidos!

Neumann (se ve que a Bohm eso de plegarse a las prohibiciones no se le daba nada bien): completaba causalmente la mecánica cuántica y reproducía todos sus resultados. Es más, la teoría de Bohm está basada en la ecuación de Schrödinger.

En primer lugar, Bohm supone que las partículas son partículas, es decir, que son objetos localizados con posición y momento bien definidos en todo instante, y que en todo instante se encuentran en algún estado preciso —nada de superposiciones extrañas—. En segundo lugar, considera a la función de onda como un ente real —no una medida de la probabilidad de nada, y mucho menos una medida del conocimiento que un observador tiene acerca de un sistema cuántico, como dijeron algunos copenhaguianos—. La función de onda en la teoría de Bohm —o más bien la parte de la solución de la ecuación de Schrödinger que él llama *potencial cuántico*— desempeña un papel parecido al de un campo eléctrico o un campo gravitacional en la física clásica, y parecidísimo al de las ondas piloto de De Broglie: guía a las partículas, conduciéndolas por alguna de las trayectorias que permite la mecánica cuántica. Como todas las reglas de la teoría de Bohm son deterministas, como escribe el físico David Z Albert, partidario de Bohm, "las posiciones de todas las partículas del mundo en cualquier instante, así como la función de onda mecánico-cuántica del mundo en ese instante, se pueden calcular con certeza a partir de las posiciones de todas las partículas del mundo y la función de onda mecánico-cuántica de éste en un instante anterior".

En la teoría de Bohm los electrones del experimento de las dos rendijas no recorren todas las trayectorias ni pasan por ambas rendijas al mismo tiempo. En general, los sistemas cuánticos a los que se les dan opciones (como las dos trayectorias posibles de los electrones en el experimento de las dos rendijas modificado) toman una sola de las alternativas, pero su función de onda —una entidad física con existencia independiente— se abre como una mano de cartas para incluir todas las posibilidades, aunque todas, menos una, de esas posibilidades queden sin usar.

¿Cómo saben los electrones de las dos rendijas que tienen que formar un patrón de interferencia aunque los lancemos uno por uno, y en años distintos? ¿Cómo saben los del experimento modificado que se ha impedido el paso de los electrones tontos? Cada electrón sigue un camino que dependerá estrictamente de sus condiciones iniciales, como en la mecánica clásica, pero su función de onda se divide en una parte que pasa por una rendija y otra que pasa por la otra, o una parte que se va a la derecha y otra que se va a la izquierda. Sin embargo, como las dos se superponen al final, la parte desocupada de la función de onda puede "informar" al electrón sobre las condiciones generales en todo el entorno, en particular, puede comunicarle que hay otra rendija, o que en la otra trayectoria se ha puesto un obstáculo. Así, poner un obstáculo en la trayectoria que el electrón no sigue afecta de todos modos su comportamiento. Y lo afecta, lamento decir, instantáneamente, que es ni más ni menos lo que a Einstein, Podolsky y Rosen les había parecido absurdo en el experimento de los fotones enredados.

¡Ah, las ironías de la historia! Una de las cosas que más fastidiaban a Einstein de la mecánica cuántica, como hemos visto, era la posibilidad de efectos físicos que se propagan instantáneamente, posibilidad que se conoce como *no localidad*. Dos manifestaciones de la no localidad son el colapso de la función de onda al manifestarse el resultado final de un experimento (en la interpretación ortodoxa) y la interacción instantánea entre los dos fotones del experimento EPR cuando se mide el estado de uno de ellos. ¡Qué ironía que Bohm, a quien Einstein había convencido de renunciar a la interpretación ortodoxa, haya recuperado la no localidad con su teoría de variables ocultas!

Al final, y como demostró más tarde el físico irlandés John Stewart Bell, la disyuntiva de las variables ocultas —el "ser o no ser" filosófico que plantean— ya no es entre determinismo e indeterminismo ("incompletez" o "completez de la mecánica cuántica"), sino entre los resultados de la mecánica cuántica, a los que nadie quiere renunciar, y la localidad, un principio muy razonable que dice, en pocas palabras, que lo que haga yo aquí no puede tener ningún efecto sobre lo que ocurre a miles de millones de años luz, en el cuasar más lejano. ¿Quieres conservar todas las predicciones de la mecánica cuántica (comprobadísimas por los experimentos)? Pues tendrás que aceptar que entre dos o más objetos que han quedado enredados cuánticamente por haber interactuado en el pasado persiste un vínculo misterioso que los hace comportarse como si fueran uno solo aunque se encuentren en extremos opuestos del Universo.

En 1964 Bell ideó un experimento parecido al de EPR para probar empíricamente si la naturaleza es local —si no hay interacciones instantáneas a distancia y, por lo tanto, podemos seguir estudiando el Universo en partes separadas e independientes, como hemos hecho siempre, sin tener que tomar en cuenta lo que sucede en la galaxia de Andrómeda al examinar lo que pasa en mi taza de té—. Dicho de otro modo, Bell ideó una manera de decidir experimentalmente un asunto que hasta entonces había sido más bien filosófico —"filosofía experimental", como escribe el físico Franco Selleri en su libro *El debate de la teoría cuántica*.

Los primeros experimentos tipo Bell no se llevaron a cabo hasta los años 70, cuando la tecnología lo permitió. Los resultados de casi todos esos experimentos, en particular los de John Clauser y Stuart J. Freedman y los de Alain Aspect y sus colaboradores, favorecieron, al parecer, a la mecánica cuántica en detrimento de la localidad. En fechas más recientes los físicos han observado en el laboratorio muchos efectos de la no localidad, y actualmente se estudian con toda seriedad aplicaciones posibles de las superposiciones de estados coherentes y los estados enredados al estilo EPR, entre las que destacan la computación cuántica y —atención amantes de la ciencia-ficción— la teletransportación cuántica. Ésta última está lejos de hacer realidad el rayo teletransportador de la nave *Enterprise de Viaje a las estrellas*, pero ésa es la idea central: poder transportar de manera instantánea y a cualquier distancia, si no los objetos mismos, por lo menos toda la información que contienen. Pero no se ponga a hacer maletas para tomar el próximo teletransportador cuántico a Acapulco. Hasta hoy sólo se han "teletransportado" las pro-piedades de un fotón.

La idea que está detrás de la computación cuántica es aprovechar la posibilidad de que un solo sistema se encuentre en una superposición de estados coherentes para convertirlo en un almacén de información y procesador mucho más poderoso de lo que sería si únicamente puede adoptar un estado de todos los posibles. Por ejemplo, una memoria que clásicamente sólo puede encontrarse en los estados 0 o 1, podría estar, además, en una superposición cuántica, ampliando sus posibilidades.

Quizá aún sea pronto para sellar la historia de estas investigaciones y de sus autores. Tal vez lo prudente sería esperar algunos años más para que se decanten las cosas y se esclarezca cuáles de las aplicaciones son viables, así como qué revelan las investigaciones más fundamentales acerca de la mecánica cuántica y del Universo. Las cosas han cambiado mucho desde los tiempos de Einstein y Bohr, y la batalla original acerca de las interpretaciones de la mecánica cuántica. Hoy, si bien son cada vez menos los que creen —como dijeron los ortodoxos cuánticos— que el observador de un experimento afecta el resultado por estar observan-do y que, por lo tanto, la psique tiene efecto sobre la materia, tampoco se puede decir que Einstein haya ganado la contienda. El consenso parece ser que la naturaleza es no local en la escala de los átomos y las partículas más pequeñas, que es una conclusión casi tan absurda y di-fícil de deglutir como los gatos medio vivos y medio muertos y las partículas que deciden qué camino tomar por su propia voluntad —o como los electrones azules que mi amiga buenita creyó descubrir aquel día, ya lejano, en el laboratorio de física moderna de la Facultad de Ciencias.

Si el Universo es así, las elucubraciones más fantásticas de David Bohm podrían tener algo de verdad. En un libro que publicó en 1980, Bohm predijo que la búsqueda del significado de la mecánica cuántica revelaría, ya no una nueva teoría, sino un "nuevo orden". El orden antiguo es el universo de la mecánica de Newton y la relatividad de Einstein al que estamos acostumbrados, en el que los fenómenos físicos se desarrollan en un espacio y un tiempo desplegados y extensos, en el que *aquí* y *allá*, *ahora* y *entonces* se distinguen perfectamente bien.

El nuevo orden que revela la mecánica cuántica, según Bohm, es un mundo en el que los efectos no locales están integrados como un huevo en un bizcocho, o una crema en una salsa, conectando todo con todo; un universo en el que la sábana espacio-temporal se pliega tantas veces que se reduce a nada. Los fotones enredados del experimento de EPR se comportan como uno solo porque, en cierta forma, *son* uno solo en el orden plegado que existe debajo —¿adentro?, ¿alrededor?— de todas las cosas. Los indicios de la existencia de este mundo se cuelan en el nuestro en la forma de misterios cuánticos. ¿Recuerdan los fotones el día, quizá lejano, en que estuvieron juntos? ¿Será, como sugiere Timothy Ferris, que el Universo se acuerda de su origen, cuando estaba todo en un punto y no había tiempo?

Un universo muégano: ¡qué idea tan sugerente! Pero es más que un múegano: un muégano es muchos convertidos en uno —lo plural hecho singular en virtud de la cohesión del caramelo. El universo plegado de Bohm es lo singular que se despliega en plural, un concepto que, me parece a mí, les hubiera encantado a los pensadores griegos de la antigüedad que buscaban la sustancia primigenia del mundo, la unidad que subyace a la multiplicidad enloquecedora de la naturaleza.

La memoria es otra forma de plegar el espacio y el tiempo. En el homenaje literario más grande al poder evocativo de la memoria, la novela *En busca del tiempo perdido* de Marcel Proust, el aroma de una magdalena remojada en té le trae al narrador recuerdos que vierte en ocho volúmenes. Hace rato que me acabé el té y no sé lo que es una magdalena, pero este momento de recapitulación me produce un efecto parecido y se me agolpan en la mente todas las cosas que he puesto en estas páginas. Aquí, muy cerca —todo en un punto—, están Einstein y Bohr, el partido México-Irak, el cometa Halley, Heisenberg que no deja de estornudar, De Broglie subido en la torre Eiffel, Rutherford y J. J. Thomson, Planck pasmado con el descubrimiento de los cuantos, las buenitas, el alma redonda de las bobinas de Helmholtz, el Sol saliendo detrás del Iztaccíhuatl, mis amigos y compañeros de incoherencias cuánticas, Miguel, Natasha y Alejandro, y un recuerdo, que es también la primera frase de este libro y que me deja soñando despierto con una sonrisa boba en la cara y los ojos perdidos en la lejanía... ¿o en la cercanía?:

Nunca me había reído tanto...

Lecturas recomendadas

163

1. Cetto, Ana María, *La luz*, FCE, 1987.

2. De la Peña, Luis, *Albert Einstein: navegante solitario*, FCE, 1987.

3. De Régules, Sergio, *"El gato de Schrödinger: la física en el país de las maravillas"*, ¿Como ves?, año 1, número 8, pág. 12.

4. Einstein, Albert y Hedwig y Max Born, *Correspondencia (1916-1955)*, Siglo XXI Editores, 1973.

5. Gamow, George, *Los breviarios del señor Tompkins*, FCE.

6. Gribbin, John, *En busca del gato de Schrödinger*, Salvat, 1980.

7. Lovett-Cline, Barbara, *Los creadores de la nueva física*, FCE, 1973.

8. Selleri, Franco, *El debate de la teoría cuántica*, Alianza Editorial, 1986 (más técnico).

www.ingramcontent.com/pod-product-compliance
Lightning Source LLC
Chambersburg PA
CBHW050522160726
48003CB00001B/420